科普惠农实用技术丛书

中意蜂养殖一本通

李淑琼 主编　徐祖荫 顾问

中国农业出版社
北　京

图书在版编目（CIP）数据

中意蜂养殖一本通／李淑琼主编．—北京：中国
农业出版社，2024.5
ISBN 978-7-109-31956-1

Ⅰ.①中…　Ⅱ.①李…　Ⅲ.①中华蜜蜂－蜜蜂饲养
Ⅳ.①S894.1

中国国家版本馆CIP数据核字（2024）第098717号

ZHONGYIFENG YANGZHI YIBENTONG

中国农业出版社出版
地址：北京市朝阳区麦子店街18号楼
邮编：100125
责任编辑：王森鹤
版式设计：杨　婧　责任校对：吴丽婷　责任印制：王　宏
印刷：北京缤索印刷有限公司
版次：2024年5月第1版
印次：2024年5月北京第1次印刷
发行：新华书店北京发行所
开本：700mm×1000mm　1/16
印张：12
字数：195千字
定价：68.00元

版权所有·侵权必究
凡购买本社图书，如有印装质量问题，我社负责调换。

服务电话：010－59195115　010－59194918

编者名单

顾　问　徐祖荫

主　编　李淑琼

副主编　王胤晨　廖启圣　林致中

编　者（按姓氏笔画排序）

王　志　王胤晨　邓梦青　李淑琼　张　芸

张明华　林致中　林琴文　赵　恬　袁　扬

夏　晨　顾慧青　廖启圣

序

　　近十年来，随着我国养蜂生产的发展和理论研究的深入，养蜂技术也在不断更新，为了紧跟时代发展的步伐，巩固养蜂脱贫成果，助力乡村振兴，应中国农业出版社之邀，我们组织力量，耗时3年多的时间，撰写了《中意蜂养殖一本通》一书。

　　本书是针对初学养蜂者和经验不足的从业者编写的专业书籍，书中描述的养蜂技术通俗易懂。全书不仅用精简的文字生动地诠释了经典养蜂理论，而且充分反映出当代先进的养蜂技术水平，这对编者自身的专业素养也是一种严峻的挑战和考验。

　　为了帮助读者更好地理解书中的内容，除精心挑选、收集素材，在写作形式、内容上有所创新外，编者还采用了图文相配的形式，使读者在阅读时仿佛身临现场，让大家能一看就懂，一学就会。加之编者在实际工作中积累了大量专业照片，同时收集整理了养蜂研究者、蜂农和其他相关书刊中的图片，基本满足了写作要求。

　　书中内容既有中蜂，又涉及西蜂，面向全国的读者。我国疆域辽阔，不同地区的气候、蜜源、蜂种、蜂具、养殖方式、生产产品都不尽相同，为此编者特别邀集了云南、贵州、湖北、浙江、吉林5省相关专家及从业人员参与编写，以满足不同地区、不同养殖户的要求。

　　相信本书的出版发行将对刚入行或计划入行者学习养蜂技术，以及相关部门的培训工作有所帮助，即使是经验丰富的养蜂员，也能通过本书了解一些新知识、新技术，进一步提高饲养管理水平和养蜂经济效益。故特此作序，隆重推荐给广大养蜂者。

徐祖荫

2024年3月于贵州贵阳

　　蜜蜂是人类最早利用且至今仍保持紧密联系的昆虫之一，是人与自然和谐共生的朋友，已有数千年的饲养历史。蜂蜜、蜂花粉、蜂王浆、蜂胶等蜂产品为人类健康作出了重要贡献，蜂胶、蜂蜡、蜂毒等产品是工业、医药等行业中广泛利用的天然原材料。发展养蜂业不仅能获得蜂产品，而且通过蜜蜂养殖与植物授粉并驾齐驱，还可增加异花授粉农作物的产量。作为世界上最重要的传粉昆虫，蜜蜂在维持自然界生物多样性、保持生态平衡中具有不可替代的作用，可促进异花授粉作物增产10%～30%，对农业生产和农村经济具有极大贡献。

　　蜂产业投资少、见效快、收益高、无污染，是农牧业绿色发展的纽带，属于集历史传统、经济效益、社会效益、生态效益于一体的低碳集约型产业，在满足群众生活需要、促进农业绿色发展、提高农作物产量、维护生态平衡、助力脱贫攻坚等方面发挥着重要作用。我国多数地区森林植被覆盖率高、资源丰富、环境污染少，具有较好的自然资源优势，为蜂产业发展奠定了良好的物质基础。在全面贯彻落实党的十九大提出的乡村振兴战略中，指导、协助、扶持蜂产业发展，促进养蜂标准化、现代化、产业化、绿色化、市场化，为农民创造就业，为孩子留住父母，为乡村留住人气，为群众增加收入，满足人民对优质蜂产品的需求，成为蜂产业发展的目标与方向。

　　在当前巩固脱贫攻坚成果、促进乡村振兴的关键时期，我们编写本书，系统地介绍养蜂生产的基础知识及主要技术。近十年来，我国在中蜂饲养理论研究、技术开发等方面取得了一系列可喜的成

果，西蜂规模化、集约化养蜂技术也有了突飞猛进的发展，蜂机具革新层出不穷，因此也非常有必要向读者介绍一些最新研究成果，以紧跟时代步伐，助力蜂产业发展。本书图文并茂，通俗易懂，其中介绍的养蜂技术均是实招、妙招，简而不陋，既能使初学者很快入门，又能使经验丰富的养蜂员温故知新，进一步提高自身的饲养管理水平。

本书特邀顾问徐祖荫老师是国内顶级蜂学专家，他既参与了本书的策划，又亲自负责校对，并提供了多年积累的珍贵图片，极大地提高了本书的质量。对徐老师的辛勤付出和对后辈的无私提携，特在此表达最衷心、诚挚的谢意！

编 者
2024年3月

目录

养好蜂的前提　　　蜜粉源植物

第一章 养蜂基础知识

一、蜂群

蜜蜂是营群体生活的昆虫，每只蜜蜂都不能脱离群体而单独生存。一群蜂通常由一只蜂王和几千到几万只工蜂组成，在繁殖季节，也会出现几百到上千只雄蜂。蜂王、工蜂和雄蜂总称为三型蜂（图1-1）。

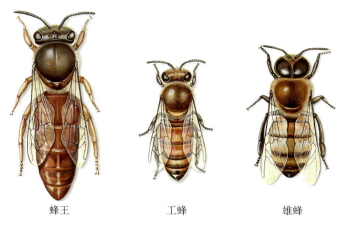

蜂王　　　　　　　　　工蜂　　　　　　　　　雄蜂

图1-1　蜂群中的三型蜂（引自 Henri Clément）

（一）蜂王

蜂王是蜂群里唯一发育完全的雌性蜂，由受精卵在母蜂房（又叫王台）内发育而成，体大腹长（图1-2），是蜂群里其他个体共同的母亲。蜂王在蜂巢中的主要任务是产卵（图1-3、图1-4）。通常蜂群里只有1只蜂王，如果有2只或以上，蜂王之间就会互相斗杀，最后只剩1只（图1-5）。质量好的中蜂蜂王每昼夜可产卵600～900粒，意蜂蜂王可产卵1 500～2 000粒。蜂王寿命可达2～3年，但自第二年起产卵量会逐渐下降，因此在养蜂生产过程中，为了维持蜂强子旺，夺取高产，一般每年都会更换蜂王。

蜂王一生中，除在交配、自然分蜂或全群飞迁时离巢外，一般不会离巢。一群蜂如果失去蜂王，整个蜂群就会发生混乱。此时，工蜂会将工蜂房扩大为急造王台，但由此产生的急造蜂王，质量都比较差。

图1-2　意蜂蜂王

图1-3　将尾部伸入巢房内产卵的中蜂蜂王

图1-4　蜂王在巢房中产的卵

图1-5　蜂王相斗（引自苏松坤）

蜂王的优劣，会直接影响蜂群子脾面积、群势大小、采集力强弱、抗病力高低、蜂产品产量。因此，要注意培育、选用产卵力强、能维持强群、抗病力强、生产性能好的蜂王，及时淘汰老、劣蜂王和有病群的蜂王。

（二）工蜂

工蜂是生殖器官发育不全的雌性蜂，由受精卵在工蜂房内发育而成，在蜂群内承担巢内外的一切工作，如采集花蜜、花粉、盐、水和树脂，酿制蜂蜜、蜂粮，哺育幼虫，饲喂蜂王，修筑巢脾，清理巢内卫生，调节温湿度，保卫蜂巢等（图1-6）。

工蜂在蜂群里的分工基本是随着日龄的增加而改变的。一般情况下，工蜂出房1～4天清理巢房；5～18天哺育幼虫、饲喂蜂王、酿造蜂蜜、泌蜡造房等；18天以后则出巢采集和担任其他外勤工作。但如果巢内幼虫过多，一些采集蜂也会自然承担哺育工作；如果巢内壮年蜂少，8日龄的青年蜂也会参加外勤工作。

在巢门口负责警戒（引自苏松坤）

采蜜（白三叶）

采粉（荷花）

将花粉酿造成蜂粮

采水

泌蜡筑巢

饲喂蜂王幼虫（人工台基）

饲喂蜂王幼虫（自然台基）

工蜂头部朝向蜂王，随时准备
饲喂蜂王

饲喂工蜂幼虫

清洁巢房

清除巢房中的死蛹（引自苏松坤）

图1-6 工蜂的职能

工蜂采集的飞行半径一般为1.5～2千米，强群可达3～4千米。蜂群采蜜的距离越近，往返时间越短，采蜜次数越多，产蜜量也就越高。

工蜂的寿命很短，在主要流蜜期平均寿命只有35天左右，越冬期可存活4～6个月。在繁殖、生产期内，蜂群中每天都有一批工蜂死去，也有一批幼年工蜂出房。这样不断更新，延续着蜂群的生命。

（三）雄蜂

雄蜂是蜂群中的雄性个体，由雄蜂房中的未受精卵发育而成（图1-7）。在蜂群内不劳动，其唯一的职能是与蜂王在空中交尾，交尾后因连接着内脏的生殖器断裂，立即死亡，因此雄蜂的"婚礼"是与"葬礼"同时举行的。

中蜂雄蜂

意蜂雄蜂

雄蜂巢房

雄蜂的生殖器

精液
黏液
角囊

图1-7　雄蜂及其巢房、生殖器

二、蜜蜂的外部形态及内部构造

蜂王、工蜂、雄蜂有不同的专职分工，在形态和内部构造上也各有其特征。

（一）蜜蜂的外部形态

蜜蜂体表密生绒毛，身体分为头、胸、腹3个部分。头部是感觉和取食中心，生有3个单眼、1对复眼、1对触角和1组口器。口器包括1对能咀嚼花粉的上颚和能吸取花蜜等流质食物的管状喙（又称吻）。

胸部是运动中心，生有2对翅和3对足。腹部是消化和生殖的中心，由多个环节构成，可伸缩和弯曲。

工蜂的头呈三角形，其在三型蜂中吻最长，但体形最小；腹部6个环节，腹板上有可分泌蜡质的蜡腺，端部具散发警戒激素的臭腺和螫针；3对足特化，适于采集、携带花粉（后足胫节有花粉筐）（图1-8）。

蜂王头呈心形；腹部特别长，由6个环节构成；体重为工蜂的2～3倍；螫针兼作产卵器，不具臭腺，蜡腺退化。

雄蜂头近圆形，体粗壮；复眼大，翅特别发达；腹部7个环节，无螫针。

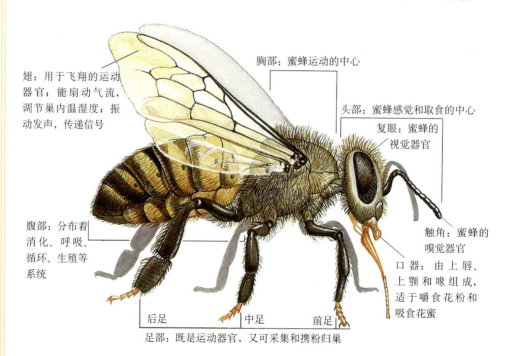

翅：用于飞翔的运动器官；能扇动气流，调节巢内温湿度；振动发声，传递信号

胸部：蜜蜂运动的中心

头部：蜜蜂感觉和取食的中心

复眼：蜜蜂的视觉器官

腹部：分布着消化、呼吸、循环、生殖等系统

触角：蜜蜂的嗅觉器官

口器：由上唇、上颚和喙组成，适于嚼食花粉和吸食花蜜

后足　中足　前足

足部：既是运动器官，又可采集和携粉归巢

图1-8　工蜂的外部形态（引自 Henri Clément）

（二）蜜蜂的内部构造

工蜂的头部有1对上颚腺、1对头涎腺和2串非常发达的王浆腺。上颚腺所

分泌的液体可软化蜡质。头涎腺的分泌物内含转化酶，混入花蜜中，能使花蜜中的蔗糖转化为单糖。王浆腺能产生营养丰富的王浆，用于饲喂蜂王及其幼虫以及雄蜂、工蜂的幼虫。工蜂的内部构造见图1-9。

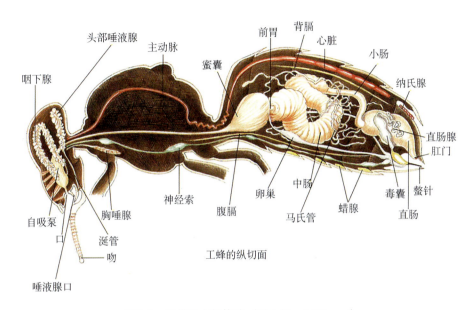

图1-9　工蜂的内部构造（引自 Henri Clément）

　　蜜蜂有发达的神经系统和感觉器官。神经系统包括脑、腹神经索以及密布全身的神经纤维。身体周围的感觉器官通过神经纤维与脑和腹神经索相连。

　　蜜蜂利用开口于身体两侧的气门和身体内的气管、微气管进行呼吸。气门有10对，其中3对在胸部，7对在腹部。

　　蜜蜂的血液近于无色，充满整个体腔。背血管前端开口于头部，末端封闭，其前部称为动脉，后部称为心脏。血液在心脏的舒张和收缩作用下进行体内循环。

　　蜜蜂的消化道由咽、食管、蜜囊、前胃、中肠、小肠和直肠构成。食物由口进入咽，通过食管进入蜜囊，经中肠消化吸收后，渣滓进入小肠、直肠，由肛门排出体外。

　　马氏管是蜜蜂的排泄器官，为一组开口在中肠和小肠交界处的细长盲管，从血液中吸收含氮废物后送入小肠，再混入粪便，最后排出体外。

　　蜂王的生殖器官由卵巢、侧输卵管、受精囊及交配囊等构成。卵巢1对，由很多卵巢管（中蜂蜂王有200余条，意蜂蜂王有300～400条）组成。卵巢管内产生卵子。蜂王与雄蜂交配时，精液进入蜂王阴道，上百万的精子贮存在

受精囊中。卵在卵巢管中成熟后，通过侧输卵管排入阴道，此时如遇来自受精囊的精子，精子会自卵孔钻入卵内，实现受精，即为受精卵。

蜂王腹部器官构造见图1-10。

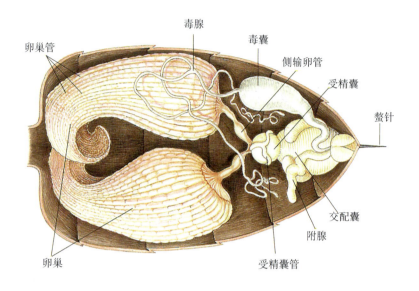

图1-10　蜂王腹部器官构造（引自 Henri Clément）

三、蜜蜂的发育

蜜蜂是完全变态的昆虫。蜂群里的蜂王、工蜂和雄蜂的生长发育都要经过卵、幼虫、蛹、成蜂4种形态完全不同的发育阶段（图1-11）。三型蜂除卵期均为3天外，幼虫期、封盖期（包括封盖幼虫和蛹期）、出房期均不相同（表1-1）。

工蜂卵

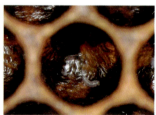
工蜂刚孵化的幼虫

工蜂幼虫

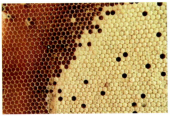

工蜂蛹（割开封盖后）　　　　工蜂封盖子　　　　　　雄蜂封盖子

王台中的蜂王幼虫　　　　　封盖王台　　　　开始出房的蜂王（已露头）

刚出房的处女王　　　交尾后的蜂王（尾部带　工蜂帮助婚飞后的处女王清除交尾志
　　　　　　　　　　　有交尾志）

图1-11　三型蜂及其不同发育阶段

表1-1　中蜂和意蜂各阶段的发育期（天）

类型	蜂种	卵期	幼虫期	封盖期	出房期
蜂王	中蜂	3	5	8	16
	意蜂	3	5	8	16
工蜂	中蜂	3	6	11	20
	意蜂	3	6	12	21
雄蜂	中蜂	3	7	13	23
	意蜂	3	7	14	24

蜂王卵期3天，未封盖幼虫期为5天，封盖期为8天，封盖期结束后，蜂王咬破房盖而出房，合计出房期为16天。人工育王时，通常用孵化后16～24小时的幼虫移虫育王，因此蜂王出房时间应在复式移虫后的第12天。王台及蜂王蛹见图1-12。

成熟王台　　　　　　　王台中的蜂王蛹　　　　被先出房的蜂王破坏的王台

图1-12　王台及蜂王蛹

蜂王出房后3～5天试飞，6～9天交尾，交尾后2～3天产卵。开始产卵的日期多出现在出房后的8～12天。处女王的婚飞半径一般为2～5千米，发生在20～30米的高空。处女王通常在晴朗、气温高于20℃的天气，于10：00—16：00外出飞行，与雄蜂在空中交尾。如果受到低温、强风的影响，或处女王发育不全，出房半个月后仍未交尾，这样的蜂王产下的卵全部是未受精的雄蜂卵，应予以淘汰。

中蜂工蜂和意蜂工蜂的发育历期有所不同。从卵到幼蜂出房，意蜂需21天，中蜂需20天。即同一张巢脾上，每隔20～21天，可培育出一批工蜂。为了扩大群势，达到强群采蜜、增加产量的目的，通常应在大流蜜期前45～60天，培育适龄采集蜂（即培育2～3代子）。意蜂工蜂从卵到蛹的发育变化见图1-13。

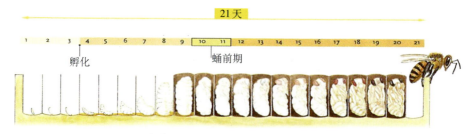

图1-13　意蜂工蜂发育阶段示意（引自 Henri Clément）

中蜂雄蜂从卵到成蜂需23天，意蜂需24天。雄蜂出房后7天开始飞翔，9～14天性成熟，12～27天是交尾最适宜的时期。一般应在育王前25天，提前培育种用雄蜂。

了解三型蜂的发育天数，对人工育王、组织交尾群、分配王台、提前培育采集蜂、预测群势发展等很有帮助，因此，每个养蜂员都应熟记。

四、蜜蜂的生活习性

（一）蜂巢

蜜蜂在蜂巢（蜂窝）中生活。蜂巢由若干张垂直于地面、互相平行，并有一定间距的巢脾组成。蜂群栖息在巢脾上繁育蜂子，贮蜜、贮粉（图1-14）。自然状况下，子脾（有卵、幼虫和蛹）在中间，蜜脾在两侧。

供蜂群栖息

供蜂群培育蜂儿（从卵到各龄幼虫及封盖蛹）

贮蜜

贮粉

图1-14　蜂巢的作用（引自 Henri Clément）

巢脾是由工蜂泌蜡加工筑造的。旧式蜂桶中，巢脾直接构筑在蜂桶上，而活框养蜂的巢脾，则建造在可以活动取出的巢框上（图1-15）。巢脾上六角形的孔洞叫巢房。因形状、大小、用途不同，巢房分为工蜂房、雄蜂房和母蜂房（图1-16）。工蜂房占巢脾的绝大部分，除哺育蜂子外，还可贮蜜、贮粉。雄蜂房比工蜂房大，封盖凸起。中蜂的雄蜂房（封盖子）顶部呈笠帽状，中间有圆形通气孔，一般分布在巢脾底部边缘，但意蜂的雄蜂房无通气孔（图1-17）。母蜂房呈奶头状，多分布在巢脾的底部及两个侧缘。

旧式蜂桶中中蜂蜂巢的球形结构

横卧式蜂桶中中蜂蜂巢形状

活框养殖中蜂巢的构成

图1-15　蜂巢的外形结构

工蜂房

雄蜂房

母蜂房（王台）

图1-16　包含三种巢房的巢脾

中蜂雄蜂封盖子，盖顶有通气孔

意蜂雄蜂封盖子，盖顶无通气孔

图1-17　中、意蜂雄蜂房的比较（徐祖荫摄）

　　根据贮蜜、贮粉及育子状况不同，活框巢脾又可分为全蜜脾（脾上只有蜜）、蜜粉脾（脾上有蜜、有粉，但无子或很少有子）、子脾。子脾的脾上有蜜、花粉和蜂儿，在脾面上蜂儿面积占大部分。其中子脾又可分为混合子脾（卵虫和封盖子混杂）、卵虫脾和封盖子脾（图1-18）。繁殖季节，子脾上还会出现雄蜂子和王台。

全蜜脾（全封盖）

蜜粉脾

贮蜜区（蜜环）

贮粉区（粉环）

子圈

混合子脾

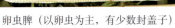

卵虫脾（以卵虫为主，有少数封盖子）

封盖子脾

图1-18　活框养殖中不同类型的巢脾

　　巢脾之间的距离称为蜂路，蜂路一般为8～12毫米。早春繁殖期应采取小（窄）蜂路，有利于巢脾保温。夏季（气候炎热）以及大流蜜期宜采用大（宽）蜂路，以利于巢脾通风散热或增加贮蜜量。

（二）温湿度与蜜蜂的生活

　　在正常蜂群内，蜜蜂修筑巢脾、酿造蜂蜜、哺育蜂子时，蜂巢温度需保持在34～36℃。如果巢温在30℃以下或36℃以上，蜂子发育成熟期会延迟或提前，导致发育不全，甚至大量死亡。冬季蜜蜂依靠吃蜜产热，越冬蜂团的适宜温度为14℃，高于或低于14℃都会增加蜜蜂体力和贮蜜的消耗。贮蜜不足，蜂群常会因冻饿而死。

一般中蜂在外界气温7℃以上，意蜂在外界温度12℃以上时，才能飞出巢外工作。适宜蜜蜂采集飞行的外界温度是15～25℃。气温升至28℃时蜜蜂出巢减少。大风、长时间低温或阴雨天气，均不利于蜜蜂出巢采集。

蜂巢内适宜的相对湿度为65%～88%。湿度过大，蜂蜜不易成熟；湿度过低，卵和幼虫发育不良，甚至死亡。

蜂群在一定范围内有自我调节温湿度的能力（图1-19）。但在早春、晚秋气温较低时，须人为采取适当的保温措施；夏季气候炎热、干燥，则应加强蜂箱通风散热，增加巢内湿度，以利蜂群正常繁殖，维持群势。

如果巢内太热，工蜂就会采水，并将水以小水滴的形式散布于箱内，形成一层薄的水膜（引自苏松坤）　当铺上水膜后，巢内同伴就会开始扇风，形成气流使水分蒸发，起到降温和增加湿度的作用（引自苏松坤）　工蜂在巢门前扇风降温

图1-19　蜂群自我调节温湿度

（三）蜜蜂的食料

蜜蜂的食料包括花蜜、花粉、水和无机盐。外勤蜂通过口器将花蜜吸入蜜囊，回巢后吐给酿蜜的内勤蜂，经内勤蜂唾液中酶的作用，把花蜜中的蔗糖分解为葡萄糖和果糖，吐入巢房贮存同时蒸发水分，酿成蜂蜜。蜂蜜成熟后，工蜂用薄蜡将其覆盖，以防变质。采回的花粉一般贮存于靠近子圈上部或两侧的空巢房中，工蜂以蜜将花粉湿润，用头压紧，经酶和乳酸菌的作用，酿制成蜂粮。蜂粮是成蜂和幼虫的蛋白质饲料。如蜂粮不足，则蜜蜂易衰老，并停止吐浆泌蜡，不饲喂幼虫。

在外界没有蜜源或缺蜜、缺粉期间，可以通过饲喂糖浆、花粉（或人工饲料），给蜂群提供必需的食料，维持蜂群的繁殖和生存。

（四）蜜蜂联络的信息、行为和群味

蜜蜂是营群体生活的社会性昆虫，它们通过外激素和某些特殊的行为进行联络（图1-20）。

蜂王上颚腺分泌的外激素称为蜂王物质，具有抑制工蜂卵巢发育、引诱雄蜂交尾、吸引工蜂、稳定和聚集蜂群的作用。

工蜂臭腺分泌的外激素具有特殊气味，能通过空气传播，招引本群飞散的工蜂及出巢婚飞的蜂王回巢，引导采集蜂飞向蜜源。蜜蜂蜇刺后臭腺散发出的报警信息素，会激起工蜂活跃和警惕，引起进一步的蜇刺行为（图1-21）。

工蜂在巢脾上跳舞、摆尾，通过舞蹈（如圆舞、"8"字形舞等）传递信息，告诉其他工蜂蜜源的远近、方向及丰富程度（图1-22）。

图1-20　蜂群是一个互相连接、互相依赖的整体（引自苏松坤）

蜂王释放蜂王信息素，稳定蜂群（引自薛运波）

工蜂和雄蜂间的食物传递（引自薛运波）

工蜂间的食物和信息传递（引自薛运波）

工蜂翘尾扇风，释放招引信息素（引自 Henri Clément）

工蜂蜇刺人的手臂，并释放报警信息素（引自苏松坤）

工蜂的蜇针和毒囊（引自薛运波）

图1-21　蜂群的联络

每个蜂群均有特定的气味，即群味。不同群的工蜂和蜂王误入后，因群味不同，会被工蜂识别出来并被逐出巢外，甚至被咬死。守卫蜂也是通过群味识别盗蜂（图1-23）。只有雄蜂没有群界，在繁殖交尾期，雄蜂可以到不同的蜂群中活动。

图1-22　工蜂通过跳舞传递信息（引自苏松坤）

图1-23　守卫蜂围攻盗蜂
（引自苏松坤）

（五）蜜蜂的繁殖

蜜蜂依靠分蜂进行群体繁殖。条件适宜时，蜂群建造雄蜂房、王台基。蜂王在台基内产卵，是发生分蜂的预兆。

准备分蜂的蜂群，工蜂会逐渐形成一种强烈的分蜂情绪，称为"分蜂热"。发生分蜂热后，工蜂逼蜂王到王台基中产卵，并对蜂王逐渐减少或停止饲喂，使蜂王的腹部收缩，产卵力下降，以至停止产卵；工蜂怠工，出勤减少，采集力、产蜜量降低。

蜜蜂自然分蜂通常发生在王台封盖2～5天后，早的在封盖前2天。自然分蜂多发生在雨后初晴或晴天的10：00—15：00。分蜂时通常蜂群中会有一半左右的工蜂伴随老蜂王自巢内飞出，然后在低空打圈飞行，一般会在蜂场附近的树枝上或房檐等高处结团，此时应及时将其收捕至另箱饲养。意蜂一般只进行1次自然分蜂，而中蜂有时会接连进行2～3次。多次分蜂会严重削弱群势，影响生产。

有计划地实行人工分蜂，可增加蜂群群数，提高全场生产力。但在主要生产季节，则要及时控制、解除生产群的分蜂热，以利维持强群，夺取高产。

第二章 　　 蜜蜂品种

蜜蜂为膜翅目蜜蜂属昆虫，蜜蜂属中有9种蜜蜂，生产上应用的是东方蜜蜂和西方蜜蜂，这两个蜂种的亲缘关系最近。分布于我国境内的东方蜜蜂以中蜂为主，西方蜜蜂以意蜂为主要代表。

蜜蜂的品种可分为自然蜂种和经人工选育的蜂种。自然蜂种又称为地理亚种或生态类型。

一、中蜂和意蜂的主要特点

中蜂是我国的地方蜂种。其优点是对当地蜜源、气候有很强的适应性，耐寒或抗热，节约饲料，善于利用零星蜜源，抗螨、避害（如胡蜂）力强，产量较稳定。缺点是不抗中蜂囊状幼虫病（简称中囊病）和欧洲幼虫腐臭病，易受巢虫危害；分蜂性和盗性强，处于不利条件下（自然或人为）容易飞逃，失王后易发生工蜂产卵；吻短（5毫米左右），利用洋槐、苕子等深花冠的蜜源能力不如意蜂；蜂王产卵力弱，较难维持大群，通常只能用平箱或平箱加浅继箱生产；产蜜量不如意蜂，产品较单一（只有蜂蜜、蜂蜡）。中蜂适于在交通不便、蜜源丰富的山区定地或结合小转地饲养（图2-1）。

传统蜂桶饲养

活框饲养

图2-1　中蜂饲养

意蜂的优点是吻较长（6.3～6.6毫米），蜂王产卵力强，易维持大群，适于继箱饲养；工蜂突击采集力强，善于利用流蜜期较集中的大蜜源；清巢力强，抗巢虫，生产性能全面（能产蜂蜜、蜂蜡、蜂王浆、蜂花粉、蜂胶、蜂蛹、蜂毒），产量高。缺点是抗螨力弱，盗性强，消耗饲料多，在山区易被胡蜂大量捕杀。意蜂适于长途追花夺蜜、转地放蜂的大型专业蜂场饲养，也适于小转地连续产浆饲养（图2-2）。

转地放养的意蜂蜂群　　　　　　　　　流动放蜂车（放蜂平台）

放蜂车上的蜂群（到达场地后不用卸　　　　　　放蜂帐篷
蜂，直接在车上放养）　　　　　　（养蜂员日常居住和工作的场所）

图2-2　意蜂转地放养

　　近几十年来，我国养蜂工作者从意蜂中定向培育出了一批王浆产量高的蜂种，为了区别于原来的蜂种，统称为浆蜂。浆蜂的单框产浆量一般可达120～250克，是意蜂原种的4～8倍，但产蜜量不如意蜂原种。

　　中蜂和意蜂有不同的特点和生产性能。养蜂者在选择蜂种时，既要考虑蜂种的生产性能和对当地自然环境的适应性，又要考虑生产经营方式（兼业或专业，定地或转地）、产品主攻方向、劳动力条件和生产技术水平。

二、中蜂的不同生态类型

　　我国幅员辽阔，不同地区的蜜源不同，中蜂在长期进化的过程中，已经分化出了不同的地理亚种或生态类型，它们在形态特征、遗传背景及生物学特性上均有明显差异。

　　自20世纪70年代以来，我国相关单位先后进行的两次中蜂遗传资源调查，以及近20年来应用分子生物学（DNA鉴定）开展的研究表明，中蜂共分为9个不同的生态类型（《中国畜禽遗传资源志·蜜蜂志》，图2-3）。

中蜂9个不同生态类型的主要分布范围及特点如下：

1.北方中蜂 中心产区为黄河中下游流域，分布于山东、山西、河北、河南、陕西、宁夏、北京、天津等省、自治区、直辖市，四川北部也有分布。该蜂种蜂王大多呈黑色，工蜂体色以黑色为主；个体较大，吻较短；耐寒，防盗力强。可维持7～8框群势，最大群势可达15框。

图2-3 2011年出版的《中国畜禽遗传资源志·蜜蜂志》

2.云贵高原中蜂 中心产区位于云贵高原，主要分布于贵州西北部、云南东部和四川西南部的高海拔地区。该蜂种工蜂体色偏黑；吻长在5毫米以上；耐寒，群势强，单王群流蜜期群势可达7～8框，最高群势可达15～16框，产蜜量高（图2-4）。

云贵高原中蜂

云贵高原中蜂的自然生境：腾冲油菜花
（李伟 刘敏摄）

云贵高原中蜂的群势（卧式箱15框蜂）

云贵高原中蜂的群势（继箱16框蜂）

图2-4 云贵高原中蜂及其自然生境和群势

3. 华中中蜂　中心分布区为长江中下游流域，主要分布于湖南、湖北、江西、安徽、重庆等省、直辖市及浙江西部、江苏南部、贵州大部分地区。此外，广东、广西的北部、四川东北部也有分布。华中中蜂（图2-5）工蜂多呈黑色，腹节背板有明显黄色环带；湖南、贵州一带的工蜂吻较长（在5毫米以上）；群势可达6～8框，最大群势13～16框，产蜜性能好，耐寒性较强。

华中中蜂蜂群　　　　　　　　　　农家旧居中的华中中蜂自然蜂巢

图2-5　华中中蜂

4. 华南中蜂　中心产区在华南地区，主要分布于广东、广西、福建、浙江、台湾等省、自治区，以及安徽南部、云南东南部等山区。该蜂种蜂王体色呈黑灰色，腹节有灰黄色环带，工蜂体色以黄色为主（图2-6）；工蜂个体小，群势小，一般群势为3～5框；分蜂性强，易飞逃，耐热性好，较抗中囊病。

图2-6　华南中蜂

5. 阿坝中蜂　分布于四川西北部阿坝、甘孜两自治州，中心分布区在马尔康、金川、小金、壤塘、理县、松潘、九寨沟、茂县、黑水、汶川等县，青海东部和甘肃东南部亦有分布。阿坝中蜂是我国中蜂个体最大的一个生态类型，在体长、吻长、翅长等方面均优于其他品种的中蜂。其耐寒，分蜂性弱，能维持大群，适宜高寒山区饲养。

6. 滇南中蜂　主要分布于我国云南南部的德宏、西双版纳、红河、文山等自治州和玉溪市。滇南中蜂个体较小，吻较短，分蜂性强，维持群势4～6框，但耐热性好。

7. 长白山中蜂　中心产区在吉林省通化、白山、吉林、延边、长白山自然保护区以及辽宁东部部分山区。该蜂种工蜂个体小，体色呈黑灰色或黄灰色；耐寒性强，育虫节律陡，能维持子脾5～8张，生产期最大群势可达12框。

8.海南中蜂　分布于海南岛，其中又分为山地中蜂和椰林中蜂。椰林中蜂分布于沿海一带，山地中蜂主要分布在中部山区。海南中蜂群势较小，山地中蜂3～4框，椰林中蜂2～3框。

9.西藏中蜂　又称藏南中蜂，主要分布于西藏东南部的雅鲁藏布江河谷，以及察隅河、西洛木河、苏班黑河、卡门河等河谷地带海拔2 000～4 000米的地区。其中，林芝地区的墨脱、察隅和山南地区的错那等县、市蜂群较多，是西藏中蜂的中心分布区。云南西北部的迪庆、怒江北部也有分布。该蜂种工蜂体色呈灰黄色或灰黑色；分蜂性、迁徙性强，群势较小，采集力差，但耐寒性强。

综上所述，通过长期自然条件的选择，我国不同地区的中蜂已经形成了多样性十分丰富的蜜蜂遗传资源，它们在各自分布的区域内有很强的适应性，表现出特有的地方生存优势。中蜂一旦离开原产地，引入一个新的地区饲养，由于气候、蜜源条件等差异，往往会失去原有的优势。21世纪初，有报道从国内其他地区引进中蜂到东北（非疫区），引发了严重的中蜂囊状幼虫病，造成重大损失。贵州省农业科学院将阿坝中蜂引入贵州省贵阳市与当地华中中蜂、云贵高原中蜂同场饲养观察，虽然阿坝中蜂个体最大，但采集力、产蜜量均不如当地的两个蜂种（阿坝中蜂产蜜量为11.75千克/群，华中中蜂产蜜量为21.05千克/群，云贵高原中蜂产蜜量为18.23千克/群）。因此，在种蜂的品种选择上，不应盲目引种，而应首先立足于地方品种的提纯复壮和选育提高上。例如，福建省福州市蜂农张用新经过连续12年的不断选育，2013年使华南中蜂的最大群势达到9框，平均群势为7框，比普通的华南中蜂群势提高了40%（图2-7）。

图2-7　经过选育的华南中蜂蜂群，群势达9框

三、西方蜜蜂品种

（一）自然蜂种

西方蜜蜂自然蜂种（地理亚种）中有四大名种蜜蜂，即意大利蜂、卡尼

鄂拉蜂（又称喀尼阿兰蜂）、欧洲黑蜂、高加索蜂。由于蜂种来源、驯化历史不同，这些蜂种又分为若干品系（图2-8）。

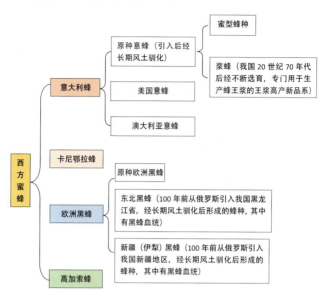

图2-8　西方蜜蜂自然蜂种品系

西方蜜蜂自然蜂种的主要形态及生产性能如下：

1.意大利蜂　简称意蜂，是我国生产上使用的主要蜂种，原产于意大利的亚平宁半岛。意蜂个体比欧洲黑蜂略小，腹部细长，腹板几丁质呈黄色，绒毛呈淡黄色；工蜂腹部第2~4节背板前缘有黄色环带，体色较浅的意蜂常具黄色小盾片；吻平均长度为6.5毫米。

意大利蜂产育力强，蜂王产卵量受气候、蜜源等自然条件影响不大；分蜂性弱，易维持大群，对大宗蜜源的采集力强，但对零星蜜粉源利用能力较差；花粉采集量大，夏秋两季可采集较多的树胶，泌蜡造脾能力和分泌王浆能力均强于其他蜂种，是蜜、浆、粉兼产型品种，还可用于蜂胶生产；性情温驯，定向力较差，易感染美洲幼虫腐臭病、麻痹病、微孢子病和白垩病，易受蜂螨危害。

2.欧洲黑蜂　原产于阿尔卑斯山以西和以北的欧洲地区。欧洲黑蜂个体大、腹部宽、吻短，腹板几丁质呈深黑色，少数在第2腹节和第3腹节背板上有黄色小斑，但没有黄色环带。雄蜂腹部绒毛多为棕黑色，少数为黑色。欧洲黑蜂畏光、易受惊，性情凶暴，易感染幼虫病和遭受蜡螟危害，育虫能力不强，春季发展慢，但越冬性能非常好，在草原高寒气候下产蜜量惊人，抗微孢子病和抗甘露蜜中毒能力强于其他蜂种。

3.卡尼鄂拉蜂 简称卡蜂，原产于巴尔干半岛北部多瑙河流域，20世纪50年代初引入中国，经过几十年的选育、驯化，卡蜂及其杂交种已经成为我国养蜂生产中的重要品种之一。卡蜂个体大小和体形与意蜂相似，腹部细长，腹板几丁质呈黑色，部分个体第2、3腹节背板上有棕色斑，少数个体具棕红色环带。吻长6.40～6.80毫米。蜂王呈棕黑色，少数腹节背板上有棕色斑或棕红色环带，雄蜂呈黑色或灰褐色，工蜂绒毛多且呈棕灰色。

卡蜂采集力较强，善于利用零星蜜源，在群势相同的情况下产蜜量比意蜂高20%～30%，采集花粉能力和产浆能力较弱；产卵力较弱，气候、蜜源等自然条件对育虫节律影响明显，早春育虫繁殖快，夏季在蜜粉充足的情况下可保持一定的育虫力；晚秋育虫量和群势下降快，保持强群越冬难；分蜂性强，性情温驯，定向力强，抗病力强，与意蜂杂交后能够产生较强的杂种优势。

4.高加索蜂 简称高蜂，是蜂蜜高产型蜂种。目前，高蜂在我国养蜂生产中尚未普遍推广应用。高蜂属黑色蜂种，个体大小、体形和绒毛与卡蜂相似，蜂王体色呈黑色或深褐色，雄蜂体色呈黑色或灰褐色、胸部绒毛呈黑色，工蜂体色呈黑色、第1腹节背板上具棕色斑、少数第2腹节背板具棕红色环带。高蜂喜采集树胶，其产蜜能力并不突出，但杂交蜂种采集力明显提高。

（二）人工培育蜂种

此品种是2个地理亚种杂交（15个世代）的结果，品系是由一个亚种选育出的蜂种（10个世代）。人工培育蜂种的遗传资源既包含自然资源，也包含人工选育的资源。

目前生产上已推广使用的西蜂蜂蜜高产型品系有中蜜1号、喀（阡）黑环系、国蜂213配套系、晋蜂3号配套系；王浆高产型品系有浙江浆蜂（多个品系）、浙农大1号浆蜂、国蜂414配套系；蜜主浆辅型品系有松丹蜜蜂配套系（松丹1号、松丹2号）、白山5号配套系、黄环系蜜浆高产蜂（图2-9）。

喀（阡）黑环系蜂王　　　　　　浙江浆蜂（林致中摄）

松丹1号双交种蜂王

松丹2号双交种蜂王

黄环系蜜浆高产蜂蜂王

图2-9　我国人工培育的西蜂品种

以中蜜1号为例（图2-10），该蜂种是由中国农业科学院蜜蜂研究所主持，联合国内6家主要蜂业科研、中试机构，用意蜂、卡蜂为育种素材，经过20多年不间断培育而成的抗螨、蜂蜜高产的蜜蜂配套系；由4个近交系组成，蜂蜜比本地意蜂增产30%，秋季蜂螨寄生率不超过3%。

种蜂场提供给蜂农的是中蜜1号杂交种，一般使用1～2代，第1代杂种优势最明显。

图2-10　中蜜1号

（三）地方优良蜂种

1.东北黑蜂　东北黑蜂分布在我国黑龙江省，19世纪中叶由俄罗斯远东移民将其饲养的黑色蜂种带入远东地区，19世纪末至20世纪初又由远东引入我国黑龙江省饲养，是在封闭自然环境中通过自然选择与人工培育而成的我国地方优良蜂种；具有群势强、采集力强、抗病和抗逆性强、耐低温等特点，也是我国乃至世界极其宝贵的蜂种资源。1997年12月8日，经国务院正式批准，在饶河县设立了我国唯一的东北黑蜂国家级自然保护区。2006年东北黑蜂被列入农业部《国家级畜禽遗传资源保护名录》。

东北黑蜂蜂王有2种类型：一种体色全部为黑色，另一种腹部第1～5节背板有褐色环纹、腹部背板正中线上有倒三角形黑斑，其绒毛均为黄褐色。工蜂也有2种类型：一种是几丁质全部呈黑色。另一种是第2、3腹节背板两侧有较小的黄斑，胸部背板绒毛为黄褐色，每一腹节都有较宽的黄褐色毛带。雄蜂体色为黑色。工蜂吻长6.0～6.5毫米，右前翅长8.9～9.9毫米、宽3.0～3.5毫米。

东北黑蜂性情温和，受震动不易被激怒，耐寒性强；蜂王产卵整齐集中，虫龄次序良好，产卵力强；利用零星蜜源好，能很好地利用早春和晚秋的零星蜜源，但对长花管的蜜源植物利用性较差；能维持大群，爱造赘脾；蜜盖一般一半呈褐色、一半呈黄白色；定向力强、不迷巢，少采或不采胶。东北黑蜂遗传稳定，配合力较强，第1代杂种适应性强，利用东北黑蜂培育出的杂交蜂种既抗高温，又抗干旱。

2. 新疆黑蜂　又称伊犁黑蜂，属欧洲黑蜂，分布于新疆西北部的塔城、阿勒泰地区，最初系1900年和1925—1926年2次由俄罗斯人从哈萨克斯坦带入新疆饲养。

新疆黑蜂体形大、色黑、繁殖力强、分蜂性弱、耐寒、抗病、善于利用大宗或零星蜜源，也是我国经长期风土驯化后形成的一个宝贵蜂种资源。

新疆黑蜂原始群的工蜂，几丁质呈棕黑色，绒毛呈棕灰色，少数工蜂第2、3背板两侧有小黄斑；雄蜂呈黑色；蜂王有纯黑和棕黑2种。新疆黑蜂吻长6.03～6.44毫米，第3、4背板总长4.62～4.86毫米。新疆黑蜂蜂王产卵力较强，产卵集中成片、虫龄整齐、蛹房密实度高；采集兴奋，出巢早而结束晚，采集力强，尤其对零星蜜源的采集表现突出；泌蜡力强，造脾速度快，喜造赘脾，产浆力一般，喜欢采胶；抗病力强，耐寒、越冬性好；性情凶暴蜇人。

在以上西方蜜蜂蜂种中，生产性能全面，繁殖力、群势强，适应性广，使用最广泛的是意蜂及其杂交种，如卡意杂交蜂和意蜂与东北黑蜂的杂交种。杂交种的特点是能结合两个蜂种的优点，繁殖力、抗病力、生产能力强。例如，当卡蜂作母本与意蜂杂交时，蜂群产育力会有所提高；当意蜂作母本与卡蜂杂交时，蜂群的抗逆性和采集力会有所增强。

在产浆蜂场中，使用的是从意蜂中选育出来的浆蜂品系。为了避免近亲繁殖，育王时可从不同的种蜂场引种观察、比较，定期轮换或引进不同品系的浆蜂杂交，保持蜂群的生活力和生产力。

西方蜜蜂不同品种蜂王及杂交蜂的体色见图2-11和图2-12。

原种意蜂蜂王

美国意蜂蜂王

澳大利亚意蜂蜂王

卡尼鄂拉蜂蜂王

高加索蜂蜂王

东北黑蜂蜂王

图2-11 西方蜜蜂不同自然蜂种的蜂王

黑色体色、黄色环带杂交蜂

黄色体色、黑色环带杂交蜂

图2-12 杂交蜂的体色

27

第三章 蜂箱和蜂机具

一、蜂箱

养蜂最基本的生产工具就是蜂箱。

在我国，无论是饲养意蜂还是活框饲养中蜂，使用最多、最广泛的是意蜂10框标准箱（又称郎氏箱）。在一些养蜂地区（如东北），养西蜂时，也会使用意蜂12框正方形蜂箱和苏氏蜂箱（图3-1）。

图3-1　东北黑蜂场中的苏氏蜂箱

（一）中蜂活框蜂箱的不同类型

由于各地气候、蜂种不同，饲养中蜂的箱型比较复杂，仅广东就有150多种。我国目前饲养中蜂的活框箱型，根据巢框长高比、巢框面积、箱容数值进行分类，可分为郎氏标准系列蜂箱、郎氏衍生箱型、大型箱、中型箱、小型箱、高窄式蜂箱6个大类（图3-2）。同一类箱型，其特点及配套的管理方法相近。

目前在中蜂活框饲养中，使用最广泛的箱型仍然是郎氏箱及其衍生箱型（衍生箱型是指该箱受原型箱启发演变而来，其巢框及箱型大小与原型箱尺寸不尽一致，与原型箱比较接近，但又与原型箱有所差别），大概占使用箱型的

90%以上。郎氏衍生箱型主要分布在广东、广西、福建、海南等地。因为这些地区属温热气候，所以当地蜂群群势较小，通常使用7框箱，箱壁较薄且前后常开有通风纱窗。

不同箱型的外观见图3-3。

中蜂活框蜂箱

1.**郎氏标准系列蜂箱** 巢框与标准箱一致，箱容不同，巢框长高比、内围两项综合相似度为200%

2.**郎氏衍生箱型，箱容大多为4.1万～4.7万厘米³（又可细分为A、B、C 3类）**
- A.**多数衍生箱型** 包括中蜂标准箱，箱容一般较标准箱略小，巢框宽矮式，长高比1∶0.6以下，长大于高，巢框长高比、内围综合相似度为170%～190%，巢框长高比、内围及箱容三维相似度为270%～282.8%
- B.**从化式等部分衍生箱型** 箱容较标准箱小；巢框过渡式，长高比1∶0.6以上，巢框长高比、内围综合相似度为150%～170%，三维相似度为252.2%～268.3%
- C.**大型箱Ⅰ型** 如沅陵式，箱容5.3万厘米³，较标准箱大，巢框宽矮式，长高比1∶0.54，巢框长高比、内围综合相似度约为185%，三维相似度约为268.8%

3.**大型箱** Ⅱ型，如高框式、WG式，箱容在5.1万厘米³以上，较标准箱大，巢框过渡式，长高比1∶（0.83～0.98），巢框两项综合相似度为137.1%～153.9%，三维相似度为223.2%～232.7%

4.**中型箱** 如豫式、FWF式、开化箱、国宝箱等，箱容中等，单箱体容积为2.6万～3.6万厘米³，巢框过渡式，长高比1∶0.6以上，巢框两项综合相似度大多为140%～150%，三维相似度为191.3%～221.7%

5.**小型箱** 如GN式、ZW式、3D式，巢框面积及箱容小，单箱体容积为2.5万厘米³以下，巢框宽矮式，巢框两项综合相似度137.2%～140%，三维相似度为179.5%～192.2%

6.**高窄式蜂箱** 巢框高窄式，与郎氏箱相反，高大于长

图3-2 中蜂活框蜂箱的类型（引自徐祖荫）

注：①上述箱型分类时以郎氏箱为标准模式，作为与其他箱型比较的标准参照物。②蜂箱由巢框和蜂箱箱体构成，二者决定了蜂箱的长度和高度，为此采用巢框的长高比（长∶高）、巢框的内围尺寸（面积=长×高）、箱体容积3个指标，以及提出相似度这一概念，对不同的箱型进行比较。③某一指标相似度是不同类型的蜂箱之间，用其中较大的指标数值除以较小的指标数值，再乘以100%求得。例如，郎氏箱巢框面积870.9厘米²，中蜂标准箱（简称中标箱）巢框面积880厘米²，那么这两类箱之间巢框面积的相似度为（870.9/880）×100%＝99%。中标箱与郎氏箱长高比的相似度为（0.47/0.55）×100%＝85.5%，与巢框面积相似度99%相加后，其二维相似度为184.3%。同理，二者箱体容积的相似度为98.3%，三维相似度为282.8%，相似度较高，所以判断中标箱为郎氏箱的衍生箱型。④相似度越高的蜂箱，箱型越接近，应归为同一类箱型

郎氏箱加浅继箱

郎氏箱加继箱

中蜂10框标准箱

从化式中蜂7框箱

GN式蜂箱加继箱

高窄式蜂箱

图3-3　不同箱型的外观

（二）蜂箱的构造

以郎氏箱为例，蜂箱由箱底、箱身、巢门挡、纱副盖、箱盖及保温隔板、大隔板、巢框等组成，有的蜂箱扩巢时还可向上叠加继箱或浅继箱（图3-4）。

郎氏箱整体外观

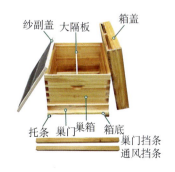

郎氏箱组成示意

郎氏箱加继箱

郎氏箱加浅继箱

图3-4　郎氏箱的构造及使用

　　郎氏箱即意蜂10框标准箱，由美国人郎斯特罗什发明，所以叫郎氏箱，至今已有160多年的历史，最早用于西蜂生产。由于其箱体大小和巢框的长高比较合理，既适合平箱生产，又适合加继箱和浅继箱扩大蜂巢，实现子蜜分离，生产性能全面；其保温性较好，有利于蜂群越冬，地域适应性广。郎氏箱所配套的蜂具，包括蜂箱、摇蜜机、隔王板、巢础等都已实现商品化，方便购买使用，加之生产技术成熟，因此自该箱型传入我国后，也大量用于中蜂饲养，成为广大中蜂产区新法饲养中使用最广泛的主流箱型，占比高达90%以上。即使在20世纪80年代初我国已推出中蜂10框标准箱，但由于郎氏箱早已广泛流行，所以目前中标箱仍然难以取代其地位。

　　郎氏箱继箱与巢箱内围尺寸一致，高255～260毫米，巢、继箱间巢脾可以共用；当巢、继箱间不使用隔王板时，继箱高度应为248毫米。浅继箱高度约为继箱的一半，高135毫米。浅继箱使用的是浅巢框，浅巢框的尺寸见表3-1。也可将淘汰的旧巢脾锯短，改造成浅巢框。

表3-1　郎氏箱浅巢框尺寸（毫米）

上梁			侧条			下梁		
长	宽	厚	长	宽	厚	长	宽	厚
482	25	19	120	25	10	429	15	10

（三）箱型选择注意事项

　　任何一款蜂箱都有其优缺点，如散热性好的较大蜂箱，保温性较差，而保温性好的小型蜂箱，散热性能不佳。总之没有一款十全十美的蜂箱，而中蜂蜂箱的款式类型较多，因此建议使用者选择蜂箱时应主要考虑以下几个方面。

　　（1）有利于发挥和提高蜂群的生产性能，适应大群饲养和有利于解除分蜂热。

（2）符合当地蜂种的生物学特性，根据当地中蜂的常有群势及生产方向、生产方式，如以产蜜为主还是以分蜂卖蜂为主，是定地还是转地饲养，来选择合适的蜂箱。在蜜粉源丰富、蜂种能维持大群的地区，应选择箱体容积较大的蜂箱。而饲养群势较小的蜂种，或以分蜂出售蜂群为主的蜂场，宜选择箱体容积较小的蜂箱。

（3）蜂箱配套系列完整（如有浅继箱或继箱），可以实现子蜜分离，有利于生产封盖成熟蜜。

（4）饲养管理水平较高、饲料投入较多的蜂场，应采用较大的蜂箱；反之，则宜采用较小的蜂箱。

（5）蜂箱应易于操作，省工、省时，如管理蜂群的时间有限，蜂群较多，则不宜采用操作过于精细、复杂的蜂箱。

（6）蜂箱配套的蜂机具（如摇蜜机、隔王板等）已基本实现市场化、商品化，可直接购买使用。

（四）传统饲养中蜂使用的蜂桶（蜂窝）

我国养蜂历史悠久，许多农村地区仍采用传统的饲养方式养殖中蜂。传统养殖的蜂桶形式多样，大致可分为以下4类（图3-5）。

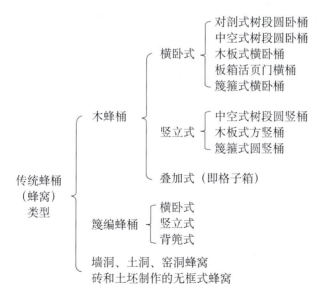

图3-5 我国现存传统饲养中蜂的蜂桶（蜂窝）类型（引自徐祖荫）

1.木蜂桶 用树段或木板制成（图3-6），主要分为横卧式、竖立式、叠加式（格子箱）。

横卧式蜂桶　　　　　　　竖立式方形蜂桶（中部钉有一个木头制的十字架，以承接巢脾，避免巢脾过长而断裂）

竖立式圆形蜂桶（又称三峡桶）　　　　为防止巢脾断裂，桶中插有3层竹签（孙群摄）

图3-6　各式木蜂桶构造特点

　　格子箱是由多个活动的、可连续叠加的方形或圆形木格组合而成的蜂桶，用于饲养中蜂，多以方形为主。

　　由于格子箱的使用是一层层叠加的，相当于继箱的作用，所以也可以当作传统的多箱体养蜂。基于蜂群向上贮蜜的习性，取蜜于上层格子，育虫于下层格子，能够实现子蜜分离，可以避免割脾伤子，基本解决了取蜜与保存蜜蜂虫、蛹的矛盾。格子箱中的天然巢蜜还可连同箱圈一起出售。格子箱一年可取蜜1～2次，蜂蜜贮存的时间长，且成熟度高。格子箱的管理简单，适合农村粗放式管理。

格子箱由副盖、箱盖、底板、垫木和多个箱圈组成。箱圈为正方形或圆形，有多种规格。方形格子箱一般内径以28厘米左右为宜。若箱圈内径较小，容易受到外界气温变化的影响，不利于蜂群维持正常的温度。箱高有10厘米、15厘米和20厘米3种规格。箱板厚度为2～2.5厘米。格子箱一般由3～6层组成，底格前侧开有长7厘米、高0.6～0.8厘米的巢门。

为避免蜂脾坠落，须在每层格子箱中部的箱壁之间插4根竹签，成"井"字形排列，也有只用2根竹签平行排列的（图3-7）。竹签和格子箱可直接购买。

底格带有活动门的　　　　方形格子箱中设置　　　方形格子箱底面观（只有2根竹签）
方形格子箱外观　　　　　　的竹签

圆形格子箱外观　　　　　带有活梁的圆形格子箱（引自薛运波）

图3-7　各式格子箱构造特点

2. 篾编蜂桶　用竹篾、藤条或荆条编织成圆形或背篼状的蜂桶，可分为横卧式、竖立式、背篼式3种（图3-8）。

横卧式（匡海鸥摄）

竖立式

背篼式（内外均糊泥）

图3-8　各式篾编蜂桶

3.墙洞、土洞、窑洞蜂窝　是指在房舍土墙、砖墙或土坡上砌成的供蜜蜂筑巢的方洞（图3-9）。这种蜂窝的优点是保温效果好、冬暖夏凉，一般在气候较干燥的西北地区、四川西南部、云南等地使用较多。

墙洞蜂窝，四周有木
板（赵恬摄）

土洞蜂窝

窑洞蜂窝

图3-9　各式墙洞、土洞、窑洞蜂窝

4.砖和土坯制作的无框式蜂窝　是指用砖块、水泥或泥浆等制作的不可移动的供蜜蜂筑巢的空间，其样式、大小各异（图3-10）。

小型土坯蜂窝

大型土坯蜂窝

碉堡式蜂窝（引自薛运波）

图3-10　各式无框式蜂窝

传统蜂桶的优点是蜂群的发展更接近于自然状态，管理简单，饲养成本低，由于取蜜次数少（1年1次甚至2年1次），蜂蜜的浓度高、质量好，较受消费者欢迎。此外，一些传统饲养的蜂窝保温性能好，有利于蜂群在恶劣的环境下生存；缺点是产蜜量比活框饲养低，且在蜂群管理上较为不便，尤其是取蜜时容易伤蜂。

传统的蜂桶饲养代表了我国自古以来的养蜂文化和养蜂习俗，反映了我国养蜂技术发展的历程，在一些特定的地区（如自然保护区）和场合（如宣传蜜蜂文化），继续保持传统饲养具有特殊意义。因此，应根据农村现实情况及传统饲养的经济、文化价值，因势利导、因地制宜，不宜"一风吹""一刀切"。

二、蜂机具

（一）巢框、巢础和埋线器

1.巢框 多以木材制作而成（图3-11），由上梁、下梁以及两边的侧条构成，巢框中间需用铁丝固定巢础。郎氏箱的巢框原设计上框梁宽27毫米、厚22毫米；饲养中蜂时，巢框上框梁尺寸应改为宽25毫米、厚20毫米。

图3-11　散装巢框（左）和成品巢框（右）

2.巢础 由蜂蜡和矿蜡混合制成，安装在巢框上作为工蜂造脾的基础，可加速工蜂造脾（图3-12）。分为中蜂巢础和意蜂巢础2种。

3.埋线器 用于嵌装巢础时将巢框上的铁丝埋入巢础内（图3-13）。

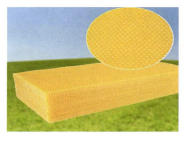

图3-12　巢础（左）与带框巢础（右）

图3-13　齿轮埋线器（左）和电热式埋线器（右）

（二）摇蜜机

摇蜜机（图3-14）是活框饲养中取蜜的必备工具，取蜜操作有提脾换面、手拨换面和电动辐射式等。其工作原理是通过摇蜜框的匀速转动，利用离心力甩出蜜脾中的蜂蜜。

2框换面摇蜜机　　　　3框换面摇蜜机　　　　4框换面摇蜜机　　　　　电动摇蜜机
　　　　　　　　　　　　　　　　　　　　　（引自薛运波）　　　　（引自薛运波）

图3-14　不锈钢摇蜜机

（三）蜂刷

蜂刷多用白色马鬃或马尾制成，是调脾和取蜜时用于扫除脾面上附着的蜜蜂的工具（图3-15）。

（四）割蜜刀和起刮刀

1.割蜜刀　用不锈钢片制成，薄而锋利，用于取蜜时割下封盖蜜脾上的蜡盖，以及割除雄蜂房、雄蜂子。

2.起刮刀　为铁制，用于撬开被蜂胶粘固的副盖、继箱、隔王板、巢脾，铲除赘脾及清理箱底污物等（图3-16）。

（五）过滤网

过滤网主要用于分离和去除所摇蜂蜜中的蜂蜡、死蜂等杂质，多用50～80目的尼龙纱网或不锈钢纱网制成（图3-17）。

图3-15　蜂刷（引自薛运波）　　图3-16　割蜜刀（左）和　　图3-17　尼龙纱网
　　　　　　　　　　　　　　　　　　　　　起刮刀（右）

（六）收蜂笼和收蜂袋

1.收蜂笼　是蜂群分蜂后用于收集分蜂团或是收集野外蜂群的常用工具。

2.收蜂袋　一般用布料（纱布、棉布或帆布等）、纱网制作而成，其作用同收蜂笼，但比收蜂笼制作简单和携带方便（图3-18）。

　　竹编收蜂笼　　　　　　可折叠的黑布收蜂笼　　　尼龙收蜂袋（刘云摄）
　　　　　　　　　　　　　　（李忠秀摄）

图3-18　收蜂笼和收蜂袋

（七）饲喂器

饲喂器用于给蜂群喂糖或喂水，有巢内塑料盒式饲喂器和巢门瓶式饲喂器2类。

1.巢内盒式饲喂器 其长度与巢框相同，置箱内装糖浆喂蜂。饲喂时应在饲喂器内放竹条、薄木条、秸秆或塑料浮筏等让蜜蜂落脚以免淹死（图3-19）。

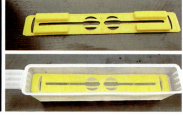

1.5千克容量盒式饲喂器　　　　　盒式饲喂器内的塑料浮筏

图3-19　巢内盒式饲喂器及与其配套的塑料浮筏

2.巢门瓶式饲喂器 分2种，一种是配塑料瓶使用的鸭嘴式饲喂器，另一种是由底座和广口瓶构成的518圆形饲喂器（图3-20）。在塑料瓶或广口瓶中灌注适量水或糖浆后与底座扣合，倒置后再将扁平的突出部分伸入巢门内，在早春低温春繁时，不用开箱即可实现喂糖、喂水，避免降低巢温。

鸭嘴式饲喂器　　　　与鸭嘴式饲喂器　　　　518圆形饲喂器
配套的塑料瓶

图3-20　各式巢门瓶式饲喂器

（八）隔王板

隔王板主要用于限制蜂王产卵及蜂王的活动范围，使产卵区和贮蜜区分开，以便分区管理。隔王板分为2种类型，即用于巢箱和继箱间的平面隔王板，以及用于巢箱和卧式箱中的立式隔王板（图3-21）。

图3-21　平面隔王板（左）和立式隔王板（右）

（九）大闸板

大闸板也称隔堵板、中隔板、大隔板，用于对蜂箱进行分区，其长、宽与蜂箱内围的长（或宽）和高一致。也可以采用带铁纱网的立式隔王板作为大闸板，有利于各分区的蜂群群味相通（图3-22）。

木制大闸板　　　　　　　　　带铁纱网的立式隔王板

图3-22　大闸板

（十）覆布

覆布覆盖于巢框上沿或蜂箱副盖上，用于蜂群保暖和遮光（图3-23）。

（十一）王笼

王笼用于介绍蜂王、关王、冬季越冬时囚王（图3-24）。

图3-23　覆布

双层可调式塑料
王笼

竹塑王笼

邮寄盒王笼

图 3-24　王笼

（十二）手压喷壶

手压喷壶通常是在介绍蜂王、混合分群、高温时检查蜂群、制止盗蜂以及运输后对蜂群喷水降温时使用，也可在蜂群患病时用于蜂脾喷药（图 3-25）。

（十三）量筒

量筒是在蜂群生病配药时，用于量取水或糖浆（图 3-26）。

图 3-25　手压喷壶　图 3-26　量筒

（十四）喷烟器

喷烟器（图 3-27）由金属桶和鼓风箱两部分构成，使用时在金属桶内点燃发烟用的干草、废纸，按压鼓风箱，浓烟即自喷烟管中喷出，用于管理或取蜜时驱逐和镇服蜜蜂。

各式喷烟器（引自薛运波）

喷烟镇服蜜蜂

图 3-27　喷烟器

(十五) 空气清新剂

空气清新剂常用于合并蜂群、调蜂补子、介绍蜂王时混合群味（图3-28）。宜选用气味清淡的空气清新剂，如茉莉、桂花等香型的清新剂。

(十六) 钉锤和卡钉枪

钉锤用于修补蜂箱，是蜂场上常用工具之一。卡钉枪在组织双王群或育王群时，可将大闸板或框式隔王板固定在箱沿上（图3-29）。

图3-28　空气清新剂　　　图3-29　钉锤（左）和卡钉枪（右）

(十七) 蜂蜜浓度检测仪

蜂蜜浓度检测仪有蜂蜜折光仪（图3-30）和电子检测仪2种（图3-31），用于测量蜂蜜浓度（波美度）、含糖量及水分含量，便于养蜂员掌握蜂蜜质量。

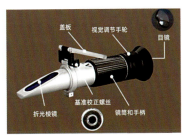

折光仪结构　　　在蓝色镜面上涂蜜，盖上盖板，对光调整旋钮，直到蓝白界面清晰　　读取蓝白界面处左边的读数，即为蜂蜜的实际波美度，最右边为该浓度对应的蜂蜜含水量（%）

图3-30　蜂蜜折光仪

图3-31　电子检测仪

（十八）防护用具

防护用具主要有面罩、防护服和手套（图3-32）。面罩用于防止头部被蜂螫伤。手套以橡胶手套为佳，手感好且方便操作，缺点是不透气、易捂汗，使用后需用清水洗净，晾干后再用。

面罩

防护服（半身）

橡胶手套

图3-32　防护用具

第四章 >> 养蜂基础操作

一、养蜂场地的选择

养蜂场地的选择是养蜂生产过程中的重要环节，养蜂场地的环境条件与养蜂的成败及蜂产品的产量密切相关。蜂场的选址应考虑以下几个方面。

（一）蜜粉源条件

蜜粉源是养蜂生产和发展的物质基础，主要蜜粉源关系到蜂蜜等蜂产品的产量；辅助蜜粉源关系到养蜂成本和蜂群的健康。在距离蜂场2～3千米范围内，一年中须有1～2种大面积的主要蜜粉源植物（图4-1），以及多种花期交错的辅助蜜粉源植物。

春季油菜花（花期2—4月）

楝叶吴萸（花期7—9月）

盐肤木（花期8—9月）

枇杷（花期11月至次年1月）

图4-1　不同花期的代表性蜜粉源植物

(二) 环境条件

蜂场应安排在交通便利（利于蜂群转地上下车）、地势高燥开阔、环境清洁、水源方便、夏季有树林遮阴的地方（图4-2），不应安排在人多（厂矿、学校附近）、当风、山顶、被烈日暴晒、经常喷洒农药的地方。

交通便捷

远离市区

地势高燥、遮阴

蜂场周围有清洁水源（薛运波摄）

图4-2　蜂场的选址

二、选购和安置蜂群

(一) 购买蜂种

初学养蜂者最好在春末夏初分蜂期后购买蜂群，此阶段外界蜜粉源相对丰富，蜂群比较容易饲养。

选购蜂群时一定要选择产卵成片、子圈大、体长、绒毛多的优质新蜂王，有3～5框足蜂，2～3框子脾，巢脾较新，子圈上部有贮蜜，且蜂脾相称。蜂群应健康无病，意蜂要着重检查是否存在蜂螨及美洲幼虫腐臭病、白垩病，中蜂要着重检查是否存在中蜂囊状幼虫病、欧洲幼虫腐臭病及巢虫。选购中蜂时，要注意检查群内工蜂体色是否整齐一致，如果群内出现不同颜色的工蜂，说明品种混杂，不宜采用（图4-3）。

意蜂子脾，健康无病

中蜂封盖子脾，宽大整齐

子脾呈同心圆状

颜色混杂的双色工蜂（中蜂）不宜选购

图4-3 选购蜂群注意事项

（二）蜂群安置

新开辟的养蜂场地首先要清除杂草，平整土地，打扫干净。蜂群安置的原则是坐北朝南，背风向阳，便于对蜂群进行管理，且蜜蜂容易识别蜂巢，不易引起盗蜂（图4-4至图4-6）。中蜂嗅觉灵敏，为避免发生盗蜂，应分散放置，尽量利用地形、灌木丛、建筑物等屏障相互隔开，也可高低错落安置。

中蜂因多为定地或定地加小转地饲养，不连续追赶大蜜粉源，蜜粉源有限，所以规模大的蜂场应多点放置；根据当地的蜜粉源情况，一个点放置

30 ～ 50群。

生产蜂群的排列，可根据蜂场地形采用单箱、双箱（每2箱1组，箱与箱之间间隔0.3米，组与组之间间隔1米），单列、多列（列间距2 ～ 3米），或环形排列。一般春季宜采用单箱连续排列，以便覆盖薄膜等保温物。

阳台角落的蜂桶　　　　　　　　屋檐下靠墙放置的蜂桶

图4-4　传统饲养中蜂时蜂群的安置

沿缓坡高低错落摆放的中蜂群　　　　　　平地摆放的中蜂群

图4-5　大型活框中蜂场蜂群的安置

蜂箱环形排列　　　　　　　　　蜂箱多列排列

图4-6　意蜂场蜂群的安置

为延长蜂箱使用寿命，防止受潮霉烂，摆在地上的蜂箱可用塑料筐或竹、木、水泥柱等垫高30～40厘米。蜂箱放好后不可随意移动。中蜂和意蜂不应同时摆放在同一场地，中蜂和意蜂蜂场之间应相距3千米以上，避免因盗蜂造成蜂群损失。

三、蜂群检查

检查蜂群的目的是及时了解蜂群内部情况，以便采取相应的管理措施。

检查蜂群时，养蜂员除穿戴防护用具外，还应避免穿黑色和带毛的衣裤（蜜蜂厌恶黑色和毛绒物），忌吃葱、蒜和身上喷香水；要穿长裤，裤脚最好盖过脚面。养蜂员对自己保护得越好，越少被蜇，蜂群越安静，管理越顺利。

蜂群检查可分为箱外观察、局部检查和全面检查3种。

（一）检查蜂群的方法

1.箱外观察 通过箱外观察蜜蜂的活动和巢门前蜂尸的数量和形态，可推断蜂群内部的情况。主要观察蜜蜂出勤、采蜜采粉的情况以及巢门前有无死蛹、死虫、死蜂等。工蜂进出正常、不混乱，回巢的采粉蜂多，说明蜂群正常（图4-7）；出勤蜂多，说明蜂群强盛且外界有蜜源。应多作箱外观察，尽量避免干扰蜂群的正常生活，若发现采集蜂进出稀少且不带花粉或有死蜂或其他不正常现象，可进一步开箱检查。

图4-7 箱外观察工蜂进出是否正常

2.局部检查 可抽查边脾及中部的1～2张巢脾，检查有无蜜粉、蜂王在否、蜂脾比例、应否加础、蜂儿发育及有无病害和分蜂热（雄蜂子和王台）发生等情况。提脾时若蜂群不乱，脾上附蜂安静，中部子脾中有卵，蜂儿发育健康，则说明蜂王健在，蜂群正常，边脾及子脾上方有蜜，说明蜂群不缺饲料（图4-8）。局部检查时，也可按强、中、弱群势，抽取部分有代表性的蜂群检查。

3.全面检查 全面检查一般指全场检查，提脾检查并调整巢脾，同时做好记录（图4-9），并作相应处理。

意蜂有蜂胶，框槽易粘住巢框框耳，提脾检查时应先用起刮刀撬松两边框耳

提边脾查看饲料及进蜜情况，提中间巢脾查看蜂王产卵情况

图4-8　局部检查

开箱后，将小隔板拉开至边脾一定距离，以便提脾检查

逐脾检查群内情况

检查时背对阳光，双手提起巢脾框耳，将脾提到眼前查看

图4-9　全面检查（提脾检查）

（二）开箱检查注意事项

蜜蜂繁殖期8～10天进行一次开箱检查，大流蜜期5～7天进行一次开箱检查。一般在越冬前后、春季包装时、分蜂换王期、每个大流蜜期开始及结束时，进行一次蜂群全面检查。中蜂越夏期，每15～20天抽查一次，避免动蜂后增加饲料消耗。

四、巢脾的调整、修造和保存

(一) 巢脾的布置和蜂路的调整

在自然情况下，蜂巢中一般子脾在中间，蜜粉脾在两边。因此，在蜂群繁殖期检查调整蜂群时，应将两边的空脾调到蜂巢中间，让蜂王产卵。加继箱时，巢箱下留虫卵脾，将封盖子脾提到继箱上，并将继箱中出空的封盖子脾调到巢箱中，让蜂王产卵。大流蜜期蜂群强盛，可直接将贮蜜空脾加到继箱中，让蜂群贮蜜。

脾与脾之间的距离叫蜂路，繁殖期蜂路的宽度一般保持在8毫米。大流蜜期，可逐步加宽到10~12毫米，让蜜蜂加高蜜房，多贮蜜。但应防止蜂路过宽，蜂群造夹层脾（图4-10）。

双蜂路（8毫米）

繁殖期蜂路控制在8毫米

蜂路过宽，蜂群造夹层脾，影响正常繁殖

图4-10　控制好蜂路

(二) 正确处理蜂脾关系

蜂脾关系是指蜜蜂与蜂巢的比例，一般会出现3种情况，即蜂脾相称、蜂多于脾和蜂少于脾。蜂脾相称是指脾面上蜜蜂互不重叠，且爬满整张巢脾（图4-11）。一张意蜂标准巢脾，蜂脾相称时约有3 000只蜜蜂。

图4-11　蜂脾相称

蜂多于脾则是脾上蜂数密集，有互相重叠的现象（图4-12）。蜂少于脾则表示巢脾上的蜂数不足，稀疏，蜜蜂不能完全爬满整张巢脾（图4-13）。

　　初学养蜂者常因贪脾而发生蜂少于脾的情况，这会导致蜂儿哺育不足，照顾不周，若巢温受气候影响发生变化，将导致病虫害发生。因此，一般情况下，应及时抽出多余巢脾，让蜂群始终保持蜂脾相称，尤其在气温变化剧烈、忽冷忽热的春繁期，更应采取紧脾繁殖的措施，使蜂多于脾，蜂群维持正常巢温，确保蜂群健康繁殖。

脾面上爬满蜜蜂，互相重叠　　　纱盖上附蜂很多　　　隔板上也有附蜂

图4-12　蜂多于脾

巢内放脾过多　　　　　　　　　　边脾上附蜂稀疏

图4-13　蜂少于脾

（三）加础造脾

　　巢脾是蜂群育子、贮蜜、贮粉的场所。在蜂群繁殖和生产期，及时加础造脾，能加快蜂群繁殖的速度，增加贮蜜和蜂王育子区域，防止出现分蜂热，提高产蜜量。当蜂量增长需要扩大蜂巢时，如有现成保存完好的巢脾，可直接

加入巢内让蜂王产卵、蜂群贮蜜；如无现成巢脾可用，可加入巢础框造脾。加础造脾前，要先将巢础安装在巢框上（图4-14、图4-15）。

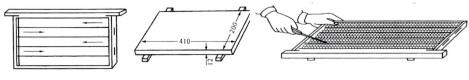

巢框穿线　　　　　　埋线衬板（单位：毫米）　　将上好巢础的巢框放在衬板上，用埋线器
　　　　　　　　　　　　　　　　　　　　　　　　　　　　对巢础埋线

图4-14　巢础安装方法

齿轮埋线器上础　　　　　　　　　　电热埋线器上础

图4-15　埋线器上础

当蜂群中巢脾出现白色新蜡，或因其他原因需要加脾时，可将装好的巢础框加入蜂群内，放在隔板边第二张脾（边二脾）的位置，通常一次只加一张巢础框（图4-16）。大流蜜期，继箱强群，可分别在巢箱、继箱中各加一张巢础框。等加入的巢础框造好后，将其提到蜂巢中间，让蜂王产卵。当蜂王在新脾上产满卵后，再在隔板内边二脾的位置加第二张巢础框。中蜂一般每11天左右可加一张巢础框造脾。

巢框上梁有白色蜡点或赘脾，　　　加入巢础　　　　蜂量不足，加础在边脾处
应加础

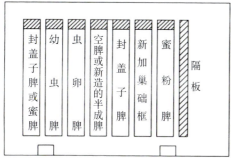

蜂量足，加础在隔板内边二脾的位置

蜂群已在新加入的巢础框上造脾

图4-16　加础造脾

加础造脾时的注意事项：

（1）一般情况下，每群每次加1个巢础框；蜂量充足时，可将巢础框加在边二脾的位置，若蜂量不充足，则应加在边上暂作边脾。

（2）加入的巢础未造好、蜂王未产卵时，不要加第二张巢础框。

（3）蜂群繁殖期，当外界蜜粉源不足时，加入巢础框后应连续奖励饲喂，让蜂群及时造脾扩巢。

（4）对偏向一侧造脾的巢础框要调转方向，让蜂群在两边造脾。

（四）巢脾的淘汰和保存

旧巢脾多次培育蜂子后，脱下的茧衣会使巢房缩小，出房工蜂体重减轻，并易滋生病虫害。雄蜂房多的巢脾也不适合蜂群正常繁殖，因此在管理过程中，应及时淘汰发黑变色的老劣巢脾。中蜂喜新脾，厌旧脾，旧巢脾还易滋生巢虫，因此巢脾一般1～1.5年换一次为宜，意蜂巢脾可使用2～3年（图4-17）。在越冬或者越夏前，群势下降，应抽出多余的巢脾，保持蜂多于脾。

意蜂旧巢脾（李永黔摄）

意蜂新巢脾（李永黔摄）

图4-17　新旧巢脾对比

晚秋抽出的蜜粉脾，可保留作为次年春繁时的饲料；蜜少的脾，应摇出蜂蜜，由蜂群打扫干净后再保存。对抽出的成色较新、尚可利用的巢脾，应及时作防虫杀菌处理。

巢脾存放前先用硫黄熏蒸1～2次。中蜂巢脾可放于冰柜中冷冻24小时，防止巢虫蛀食巢脾。处理过的巢脾要放于蜂箱中，密闭保存于干燥通风处，以便再次利用。淘汰不用的旧巢脾和虫害巢脾，应立即化蜡处理，不要随意丢弃。

五、蜂群的饲喂

蜂群需保持充足的饲料，存蜜不足，会影响蜂群繁殖，缺蜜严重时会导致蜂群飞逃甚至饿死。蜂群的饲喂应根据群内饲料状况决定。

（一）糖饲料的饲喂

1.蜂群在非生产期的糖饲料安全指标　在蜂群的非生产期，巢脾上的存蜜通常会出现以下4种情况：

（1）达到温饱线　在蜂群的繁殖期，一般要求巢脾上框梁下有2～3指宽的饲料储备（图4-18），蜂巢两侧的边脾上还要有一定的存蜜，才能达到温饱的基本要求，维持蜂群的正常生活与繁殖。这样既不缺蜜，又不会因贮蜜过多而压缩子圈面积，造成蜜压子，影响蜂群繁殖。

图4-18　检查巢脾上的存蜜

（2）处于警戒线　外界缺乏蜜粉源时，子脾上方只有少量贮蜜（少于2指宽），两侧边脾上存蜜不多，并在逐渐减少，说明群内存蜜不足，已开始进入缺蜜状态，需及时给蜂群补喂糖浆，否则蜂群会因饲料不足而停产，群势下降。

（3）保持度劣线　外界长期处于缺蜜状态，如蜂群越冬期、越夏度秋期，为了维持蜂群的正常生存，防止蜂群因缺蜜而飞逃或死亡，则应该为蜂群准备比平时更多的饲料。一般在蜂群度劣期来临之前10～15天，提前补充喂足饲料。度劣期越长，补喂的饲料应越多。

蜂群度劣期的饲料要求至少应使巢框上梁下有4～5指宽的封盖蜜线，巢脾两边还应有边蜜，整个贮蜜区呈穹隆状。在越冬期较长的地方，蜂群两侧的边脾还应有2个大的封盖蜜脾。根据当地越冬期、度劣期的长短，中蜂每框足蜂每个月应备足0.5千克的优质饲料（接近封盖的满脾，贮蜜量约2千克）。

（4）断蜜　即蜂群巢脾上滴蜜全无，处于完全断蜜的状态。此时蜂群必须紧急连续补饲，直至达到温饱线为止，否则蜂群会逃跑或饿死。喂糖时巢门应当装塑料防逃片，等蜂群内有子脾后再拆除防逃片。

蜂群中不同的饲料状况见图4-19。

处于温饱线的贮蜜状况，子脾上方有　　　　子脾上方无蜜，巢框上方两角有少量
2～3指宽的蜜线　　　　　　　　　　　存蜜，已处于警戒线

度劣期（越冬期）开始时边脾上的封盖蜜　　　蜂群断蜜，脾上无蜜

图4-19　蜂群中不同的饲料状况

2. 饲喂的种类

（1）补助饲喂　给蜂群补饲糖浆，通常在以下2种情况下进行：一是缺蜜季节，或周围气候不良，导致蜂群采不到蜜，巢内存蜜不足；二是蜂群越夏或越冬前未采足度劣期所需的饲料（每框蜂视度劣期的长短，每月应备足0.5千克的存蜜），均需进行补助饲喂（简称补饲），补助饲喂也称为救济饲喂。

补饲的饲料要量大、浓稠，可用蜂蜜3份或白糖2份，加1份水，加热溶化冷却后饲喂蜂群。根据群势，每次每群喂0.5～1千克，连续饲喂，喂足为止。补蜜时，可从强群中抽蜜脾补给弱群，同时给强群喂糖浆，以免引起盗蜂。

（2）奖励饲喂　巢内虽有存蜜，但仍不断少量多次地给蜂群喂较稀的糖水（1千克糖加1～1.5千克水），其目的在于刺激蜂王产卵，加速蜂群繁殖，对产浆群则可刺激工蜂吐浆，这种方法称为奖励饲喂（简称奖饲）。

奖励饲喂通常在早春繁殖期、主要流蜜期30～45天前培育采集蜂、人工育王、培育适龄越冬蜂或缺蜜期生产蜂王浆时进行。根据需要，奖励饲喂每天或隔天饲喂一次，每群每次喂0.3～0.5千克。如用蜂蜜作饲料，则应先将蜂蜜煮沸消毒后再使用，以免传播疾病。

蜂群喂糖一般应在傍晚或夜间进行，以防发生盗蜂。饲喂的原则是强群多喂，弱群少喂，每次饲喂的数量以当晚蜂群能搬完为原则，不宜过多。一般喂后第二天早晨查看，如发现某群巢门前有盗蜂进出，则可能饲喂量过多，应及时从箱内撤出饲喂盒，当晚调整喂量后继续饲喂。

3.饲喂的方法

（1）饲喂器饲喂　饲喂时通常于傍晚时打开蜂箱，将溶化冷却后的糖浆倒入饲喂器内（图4-20），立即盖好箱盖，防止盗蜂。

饲喂器（薛运波摄）

将糖浆倒入饲喂器
（引自王培塑）

518圆形饲喂器，器内装入糖浆后，放在箱底饲喂
（薛运波摄）

图4-20　用饲喂器喂蜂

（2）塑料薄膜袋饲喂　将溶化冷却后的糖浆装入塑料薄膜袋（保鲜袋）内，每袋装300～400克糖浆，装袋扎口后放入小桶中，同时准备一根针。饲喂时，提桶到蜂箱边，揭开箱盖，将保鲜袋放在巢框上，然后用针对塑料袋连刺数针，再盖好箱盖（图4-21）。用此法白天可饲喂，一般不会引起盗蜂。

| 保鲜袋 | 用电热保温桶加水将糖融化，冷却后装袋封口 | 饲喂时半开箱盖，将保鲜糖袋放在巢框上，扎洞 |

图4-21　用保鲜袋喂蜂

（二）花粉的饲喂

　　缺粉会使蜂群停止繁殖，因此蜂群繁殖期如缺花粉，应及时补饲。花粉中常携带病菌，饲喂前应消毒。将购入的新鲜花粉加适量的水发湿并充分搓散，然后将花粉平摊于蒸隔的纱布上，待蒸锅内水开上大汽时，将蒸隔放于蒸锅内，灭菌5分钟。待花粉冷却后，倒入适量经煮沸消毒的蜂蜜拌匀，干湿程度以稀软而不烂为度，然后将调制好的花粉搓成条状或做成花粉饼，放于框梁上，让蜜蜂自行取食（图4-22）。饲喂量根据群势大小决定，一次不应喂得过多，吃完再补，以免浪费。意蜂需求量大，也可采取灌花粉脾的方法饲喂。除天然花粉外，现市场上有人工代用花粉出售，使用方便，价格便宜，可代替花粉使用。

| 花粉 | 用适量温水发湿花粉团并用手搓散 | 用蒸锅消毒花粉 |

加入适量消毒后的蜂蜜拌匀，保持软而不稀

做成花粉饼，置于上框梁饲喂

花粉搓成条状置于蜂路间饲喂

人工代用花粉

图4-22　花粉的饲喂

（三）水和盐的饲喂

在气候炎热、干燥的季节，凡缺乏清洁水源及离水源较远的地方都应在蜂场中设公共饮水器（图4-23）。饮水器可用木盆、瓷盆、瓦盆代替；也可在地面挖坑，坑内铺一层塑料薄膜用于盛水。水面上放置干的竹片、木片或剪碎的农作物（如稻草、小麦等）秸秆，以便蜜蜂站立取水。早春外界气温低，为避免工蜂采水冻死，可采用市售巢门饲喂器喂水。

给蜜蜂喂盐可结合喂水时进行，

图4-23　在水源缺乏的地方设置的喂水器
（有开关控制滴水的塑料水桶和斜放的木板）

在干净的水中加入0.1% ~ 0.5%的食盐即可。

六、蜂王的诱入、幽闭和贮存

（一）诱王

蜂群失王、更换老劣蜂王、组织新分群和双王群、引进良种蜂王时，都需要诱入蜂王。蜂王诱入前需将蜂群中的王台全部摘除。如果遗漏王台，诱入的蜂王易被工蜂围死，或王台中的新王出房后蜇死诱入的蜂王。更换老劣蜂王时应提前一天将淘汰的蜂王取出。

诱王时可采用直接诱王和间接诱王的方法。

1.直接诱王法

（1）直接诱王　白天杀死老蜂王或提走蜂王后，夜晚连脾提出交尾群中的新王或其他群的蜂王，将此脾斜放在无王群蜂箱的起落板上，有王的一面朝上。然后用手指稍微驱赶蜂王，当蜂王爬到蜂箱的起落板上，立即移开巢脾，蜂王即自动爬进蜂箱。

此外，从交尾群提出带王的巢脾后，轻稳地把蜂王捉起，在蜂王身上涂一些从无王群巢房内取出的蜂蜜，放在无王群的框梁上，从框顶诱入。用这种方法诱王，应特别注意动作轻稳，不要惊扰蜂群，也不能使蜂王惊慌。

（2）混同气味诱王　诱王时，用空气清新剂或白酒各喷一下无王群及蜂王，然后将蜂王直接介入蜂群。

直接诱王后，不宜马上开箱检查，应先在箱外观察。如蜂箱巢门前工蜂活动正常，说明没有问题，1天后再开箱检查。奖励饲喂则有助于提高诱王的成功率。

2.间接诱王法　新手操作最好采用间接诱王法。间接诱王时常用可调式塑料隔栅王笼，介绍蜂王（简称介王）时调小王笼的隔栅间距，滑开笼盖，将蜂王捉住关入王笼内。将蜂王关入王笼后，再捉几只本群的工蜂作为伴蜂，同蜂王一起关在笼内。介王时，将王笼的一侧按在介王群的未封盖蜜脾上，以便让笼内工蜂和蜂王取食；然后将此脾放到蜂群中间；1天后开箱查看，如发现有少量工蜂围在王笼上，对王笼轻轻吹气，上面的工蜂迅速离开，说明蜂王已被接受，即可打开笼盖，放于框梁上，让蜂王自行爬出（图4-24）。如果发现围在王笼上的工蜂较多，且情绪激动，并发出"滋滋"的响声，啃咬王笼，说明蜂王未被接受，应再过一段时间后放王。

双王群诱王，如原群无王，或已提前一天提走蜂王，可同时在隔开的两个区内分别介绍一只同龄王或新王。也可将有王区和无王区完全隔开，使工蜂无法通过，再于次日在无王区介绍一只同龄王。诱入良种蜂王，可采用全框诱入器，提高诱王成功率。

捉住蜂王，将其关入　　　将王笼扣于介王群的未封　　次日放王时将王笼往蜜房上
隔栅调密的王笼内　　　　盖蜜脾上　　　　　　　　深按，使蜂王身上稍粘一些
　　　　　　　　　　　　　　　　　　　　　　　　蜂蜜

将王笼盖打开，放出蜂王　　　工蜂围住放出的蜂王，帮助蜂王清理身上的蜂蜜，
　　　　　　　　　　　　　　　　　诱王成功（杨志银摄）

图4-24　用可调式塑料王笼介绍蜂王

（二）幽闭和寄放、贮存蜂王

　　控制中蜂的分蜂热，实行有王换王；贮存多余的蜂王，让蜂王轮休；蜂群有病或意蜂治螨时强制断子；越冬初期让蜂群安静结团等，均要采取幽闭蜂王（也叫关王或囚王）的措施。扣王的工具仍用可调式塑料王笼。本群内扣王，可将王笼的两层合到底，使隔栅保持最大距离，工蜂可以自由进出饲喂蜂王，可在扣王后将王笼吊挂在巢脾间（图4-25）

图4-25　扣王（引自王培堃）

或隔板旁。长期贮王，应将王笼按压在巢脾有蜜处，避免饿死蜂王；短期扣王，也可用针式王笼扣王（图4-26）。

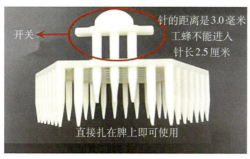

针式王笼

短期（3～5）天内扣王，可用针式王笼在巢脾上扣王，但若使用时间过长，工蜂会在巢脾中打隧道放出蜂王

图4-26　针式王笼短期扣王

将关在王笼中的蜂王寄放到其他蜂群时，先将王笼的隔栅间距调小，扣压在巢脾有蜜的地方，待1～2天后蜂王与蜂群气味吻合，再将王笼的隔栅间距调大，扣于蜜脾处，让工蜂进出，饲喂蜂王。

继箱群可将多余的蜂王扣于继箱上。

七、蜂群合并及蜂群间调整蜂脾

（一）合并蜂群

早春繁殖时未达到最低标准起步群势的蜂群、晚秋时群势太弱不能安全越冬的蜂群、蜂王衰老群、失王群都应及时合并。原则上将弱群并入强群，无王群并入有王群。并群有直接合并和间接合并2种方法。

1.直接合并　对要合并到其他群的蜂群，应无王、无台，提走或杀死蜂王后，撤去小隔板，将全部巢脾提到蜂箱中部，让蜂集中。当晚将被并群连箱搬到主群旁，先将被并群连蜂带脾放到主群的隔板边，再分别向主群和被并群喷空气清新剂（或酒），混合群味，然后将隔板调放到被并群的边脾旁，即合为一群（图4-27）。

2.间接合并　间接合并可采用铁纱隔板（在立式隔王板一侧钉铁纱网）平箱合并或巢继箱上下合并。平箱合并时，白天在主群中抽出小隔板，插入铁纱隔板，封堵铁纱隔板与蜂箱之间的缝隙，不让工蜂通过。傍晚待工蜂归巢后，将之前处理过的被并群（无王、无台，蜂脾集中在蜂箱中部）搬到主群旁，再

白天将被并群的巢脾提到蜂箱中间，
让蜂集中在巢脾上

傍晚将被并群连蜂带脾提到主群旁，
喷空气清新剂并群

图4-27　喷空气清新剂直接合并蜂群

连脾带蜂提到主群的铁纱隔板边，盖好覆布，再盖好箱盖，待次日两群蜂气味混合后，抽去中间的铁纱隔板，即并为一群。

巢继箱合并，傍晚将处理好的被并群提到主群旁，揭去主群的大盖，在纱副盖上叠放一个空继箱，然后将被并群的蜂脾提到继箱内，置于主群的巢脾上方，继箱盖好副盖、大盖，防止蜜蜂飞出。这样两群蜂隔着纱副盖，气味可以相通，但互相不能来往。待次日两群气味混合后，取下继箱，去除巢箱上隔着的纱盖，将继箱内的蜂群转到主群旁，即合为一群（图4-28）。

将空继箱架在主群巢箱的铁纱副盖上

傍晚等被并群蜜蜂归巢后，连箱搬到主群旁，将被并群巢脾连蜂转到继箱上，盖严继箱的副盖、大盖。次日群味混合后，将继箱中的蜂脾提到巢箱中，即合为一群

图4-28　继箱合并蜂群

（二）蜂群间巢脾的调整

为方便管理，平衡全场蜂群群势；或以强助弱，让弱群加快繁殖；或以弱补强，让中等群势的蜂群成为生产群；或从有蜜群中抽蜜脾补给缺蜜群，可在蜂群间互相调脾补脾，或调脾补蜂。单独补脾，可将蜜脾或封盖子脾抖蜂后直接补给其他蜂群。但若连蜂带脾一起调补，则应与并群时一样，需要混同群味。

补脾补蜂时，要事先计划好对象蜂群（被补群和抽脾群）。傍晚从抽脾群中连蜂带脾抽出（脾上不能带有蜂王），放到被补群的隔板边，然后用空气清新剂分别喷一下被并群和补入的蜂脾，将隔板抽放到补入的蜂脾外侧即可。若白天补蜂补脾，应趁中午外勤蜂大量出勤时进行，方法同前。根据需要，可以一群抽脾补多群，也可多群抽脾补一群。

八、双王群组织

双王群系指采取人工措施将2只蜂王隔开，在同一箱体内产卵的蜂群。双王群产卵多，蜂群发展快，有利于组织强群，在培育强群和维持强群等方面优于单王群。但双王群消耗饲料量大，在生产上的优势只有在大宗蜜粉源流蜜期和有连续蜜粉源、流蜜期较长的情况下才能得到充分发挥。意蜂连续生产蜂王浆需组织双王群。中蜂场平时可适当组织部分双王群，利用其繁殖力强的特点，抽子脾补强弱群。在流蜜期不长的情况下，一旦进入大流蜜期后则应适当控制蜂群繁殖，改双王群为单王群，集中力量采蜜。若有蜂群失王，也可从双王群中调一只蜂王补给失王群。组织双王群有以下2种方法。

（一）合并法

采用合并法组织双王群，可将大闸板或带铁纱的框式隔王板，安置在一个空蜂箱的中间，隔王板与箱体之间不能有空隙让工蜂通过。然后将此箱安放到其中一群蜂的箱位上，将该群蜂放到蜂箱靠近隔王板的一侧。傍晚再将另一群蜂搬到这箱蜂群旁，将其连蜂带脾提到该箱隔王板无蜂的另一侧，箱面盖好覆布，用钉子将覆布固定在隔王板的顶部，防止蜜蜂串巢；将蜂群连夜搬至1～2千米外的地方，隔5天后再搬回原场，即组成双王群（图4-29）。

（二）分蜂诱王法

分蜂诱王法是用上述带有铁纱的隔王板将一个群势较强的蜂群平分，隔

用大闸板或带铁纱的框式隔王板将
空蜂箱严密隔为互不相通的两区，
两区各开巢门

用图钉将覆布固定在隔板顶部，使两侧的工
蜂不能通过，即组成双王群

图4-29 合并法组织双王群

为互不相通的两区，其中一区有王，另一区无王，先让两区蜜蜂熟悉后各自从单独的巢门进出，再在无王区内去除急造王台后诱入一只产卵蜂王。

组织双王群，两只蜂王应为同龄王，避免因蜂王产卵力不同而偏巢。

九、人工育王技术

（一）人工育王

工蜂和蜂王同为受精卵发育而成。所谓人工育王，就是采取一定的技术措施，有意识地用工蜂房中的幼虫人工培育蜂王。养蜂场分蜂扩场、每年更换蜂王、补充偶然损失的蜂王，以及推广高产、抗病的良种蜂王，开展蜂种选育等，都要进行人工育王。人工育王需在蜜粉源丰富、午间气温稳定在20℃以上、有雄蜂出房时进行。

育王时，挑选蜂王体形大、产卵力强、卵圈大而整齐、群势强、分蜂性弱、蜜浆产量高、抗病、性情温顺、盗性弱的蜂群作父母群。父母群、育王群的饲料要充足，育王群在育王期间不取蜜。

雄蜂与蜂王的发育历期、性成熟期不一致。为使雄蜂和蜂王性成熟期一致，应在育王前20～25天培育种用雄蜂。此时应将非种用雄蜂群内的雄蜂子割掉。在父群中插入雄蜂巢础或切去下半部的巢脾，让工蜂造雄蜂脾，培育大量优质的适龄雄蜂（图4-30）。

1. 人工移虫育王　人工移虫育王,应在移虫前1～3天组织育王群。育王群群势,中蜂应为5～7框以上,意蜂应在12框以上。意蜂通常用继箱群作育王群,蜂王留在巢箱内,继箱作育王区。继箱上应有2张蜜粉脾、2张封盖子脾和1张大幼虫脾。中蜂应提走蜂王移寄他群,用无王群育王。育王群应紧脾并加强饲喂,促使蜂群急造王台,1～2天见王台

图4-30　浅巢框下接造的雄蜂脾

后,除去急造王台下框育王,可提高王台接受率及育王质量。组织育王群时,如趁外勤蜂大量出勤时从其他蜂群抽1～2框幼蜂抖给育王群,增加哺育蜂的数量,则效果更好。

人工移虫育王的工具有弹簧移虫针、育王框、蜡碗模棒等(图4-31)。可用蜡碗模棒蘸熔蜡制作人工蜡碗,也可采用市售育王用的单个塑料蜡碗(图4-32)。

移虫针

蜡碗模棒

图4-31　人工育王的部分工具

中蜂塑料蜡碗

安装好塑料蜡碗的育王框

用塑料蜡碗培育出的成熟王台

图4-32　塑料蜡碗育王

制作人工蜡碗时，先将蜡碗模棒在清水中浸泡半天备用，另用纯蜂蜡在金属小杯中加热熔化，温度保持在70℃左右。蘸制时，将蜡碗模棒甩去水滴，垂直插入熔蜡中，只蘸1次熔蜡的深度约5毫米，提出后放入冷水中冷却，然后旋转蜡碗脱下备用，这样做成的蜡碗小一些。也有蘸3～4次熔蜡的，第1次深度为10毫米，之后每次减少深度1毫米，形成底厚口薄的蜡碗，这样做成的蜡碗大一些。只要蜡碗的质量好，其大小都不影响王台接受率。

育王框的高与宽和巢框相同，厚度只有巢框的1/2，两侧条之间，等距离安装3～4根活动木条。用熔蜡将蜡碗粘接在木条的中部，每隔1厘米粘一个，蜡碗口朝下，中蜂每根木条粘8～10个，每框育王15～30个；意蜂每框可粘15～20个，每框育王45～60个，数量不宜过多，以保证育王质量。

安装好人工蜡碗或塑料蜡碗的育王框，移虫前半天要将其插入育王群的育王区中让工蜂清理，同时除去所有自然王台。

人工移虫育王通常采用复式移虫。移虫时，将蜂群清理过的育王框和母群中的幼虫脾取出，用移虫针将虫脾中1～2日龄的幼虫移入蜡碗内，24小时后用小镊子夹去幼虫，留下台内王浆，另移入孵化后16～24小时（即不超过1日龄）的小幼虫，放回育王群内哺育。育王框一般插在巢脾的中央位置，紧靠大幼虫脾。人工移虫育王的过程见图4-33。

用熔化的蜂蜡蘸制人工蜡碗　　蘸制蜡碗时，先用蜡碗模棒蘸水　　蘸水后再蘸蜡液

从蜡液中取出蜡碗模棒，待蜡碗冷却后，从蜡碗模棒上取下蜡碗　　已做好的人工蜡碗，单次蘸制的蜡碗小　　多次蘸制的蜡碗大

事先用熔蜡将小木片均匀地粘在育王框的横梁上，然后用蜡碗模棒套取蜡碗，底部蘸熔蜡粘在育王框的小木片上

蜡碗粘接完毕

从母群的小幼虫脾中挑取适龄幼虫，移入蜡碗

从巢房移出的不足1日龄的小幼虫

轻按移虫针弹性推杆，通过舌片将小幼虫推入蜡碗底部

移虫完毕后，及时将育王框放入育王群中

培育好的人工王台，工蜂正在护台

成熟的人工王台，顶部已露黄红色的茧

图4-33　人工移虫育王的过程（徐祖荫摄）

　　放入育王框后，应做好蜂群的保温工作。并连续3天奖励饲喂，以提高王台接受率。

　　移虫插框后，通常应检查3次。第1次在复移之后第2天，统计被接受王台数；第2次在复移之后第5天，轻轻剔除瘦小、歪斜、过早封盖的王台；第3次在复移之后8～9天，统计成熟王台数，开始组织交尾群。

2.切脾育王　此法常用于中蜂育王，有的中蜂饲养者年龄偏大，视力不好，手感差，难以掌握人工移虫育王技巧，可采用此法。

育王时，可从种蜂群中挑选一张产卵整齐、有较多卵和小幼虫的巢脾育王。提脾抖蜂后注意观察，在有卵和刚孵化不久的小幼虫处，用锋利的刀将巢脾的下部切下，置于前一天提走蜂王的育王群中，让蜂群在切口边缘改造王台育王，除较小的王台不用外，一次可得到10个左右的合适王台。此法简单易行，也适合初学者使用（图4-34）。

斜切　　　　　　　　横切　　　　　　　切脾后蜂群在切口
下缘建造的王台

图4-34　切脾育王

（二）组织交尾群

1.交尾群的组织方法　蜂王交尾可采用原群换王交尾、分出群交尾或专用交尾箱交尾。交尾群一般在诱入成熟王台前1～2天组织。

（1）原群换王交尾　如原群不分蜂，需换王，可将老王用王笼扣于本群的边脾上（图4-35）。扣王1天后，除去群内急造王台，介入成熟的人工王台或自然王台。新王交尾产卵，扣着的老王可作为储备王或另作他用。若新王交尾失败，则可放出老王。意蜂换王时，可将老王扣于继箱内，巢箱介绍王台。

图4-35　扣王

　　利用开有前后巢门的蜂箱，用大闸板将蜂群一分为二，还可组成双王交尾群。为防止工蜂偏巢或处女王错巢，可扣老王，将蜂群在原箱一分为二后，往前或向后移0.5米，再将蜂箱转90°放置，这时两群蜂分别会从左右两侧巢门进出，待蜂群稳定后，除去两边的急造王台，分别介入成熟王台，即成为双王交尾群。这种方法较原地不动组织的双王交尾群，可提高蜂王交尾成功率。

　　（2）分出群交尾　蜂群分蜂后，没有老王的分蜂群介入王台后可作为交尾群。

　　（3）专用交尾箱交尾　巢箱经适当改造，可组成多区交尾箱（图4-36）。组织多区交尾群，应提前2～3天提走群内老王，用大闸板将蜂群平分为互不相通的2～4区，搭配好蜜脾与子脾，各区开不同方向的巢门，让各区工蜂熟悉后从各自巢门进出后，破坏急造王台，分别在各区介入人工成熟王台。

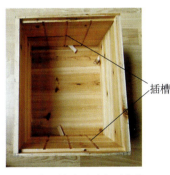

交尾箱前后壁上开凿能　　插有3张大隔板的4区专用　　4区交尾箱间隔较窄，不方便管
插大隔板的插槽　　　　　交尾箱，每个区各开有一个　理，可隔为3个区，作3区交尾箱
　　　　　　　　　　　　独立巢门　　　　　　　　使用。图示为已成功交尾产卵的3
　　　　　　　　　　　　　　　　　　　　　　　　区交尾箱

图4-36　多区交尾箱

　　为了防止回蜂干扰处女王交尾，除原群换王外，有条件的蜂场在组成交尾群后，可转地到其他场地，实行异地交尾。

　　2.介入王台　除介入人工王台外，也可充分利用质量较好的自然王台（图4-37）培育新王。

　　为保险起见，介入王台时应在介台群巢脾的中下部用食指轻轻压一个凹坑，将王台小心嵌压在凹坑处，使王台头部朝下，或将王台安放在巢脾下梁的拐角处，防止其掉落（图4-38）。

　　夏秋季气温正常时，如箱内有2张以上的巢脾，可将王台直接放置在2张巢脾的上梁之间（图4-39）。

传统饲养蜂群中的自然王台（引自薛运波）　　　　活框饲养蜂群中的自然王台

用锋利的小刀从巢脾上割取自然王台时，台基范
围要挖大一些，以免割伤王台　　　　　　　　割取的成熟自然王台

图4-37　自然王台

在巢脾上介绍王台　　　　　　　　　　　介绍后的王台

| 气温较高时，用前突式巢门防盗器介绍自然王台或切脾育王的王台 | 将割下的王台放入前突式巢门防盗器（也叫宽口雄蜂通道）的基部，使王台的封盖朝下，放在介台群的2个巢框之间 | 塑料介台器。将自然王台取下后，放入介台器中使台口朝下，然后将介台器上的2个尖刺插入巢脾的中下部，防止王台掉落 |

图4-38　介绍自然王台或切脾育王的王台

| 掰下带有小木片的人工成熟王台 | 将王台搁置于两框梁之间，气温较低时，要用覆布或塑料薄膜盖在框梁上保温 |

图4-39　介绍人工移虫育王的成熟王台

3.交尾群的管理　第1次检查一般在诱入王台后2～3天进行，目的是看蜂王是否顺利出房（图4-40）；诱入王台后6～8天进行第2次检查，查看蜂王的损失情况或交尾情况；第3次检查在诱入王台的10天以后，主要查看蜂王的产卵情况。

检查新王是否交尾产卵，于10：00前或17：00后进行。已交尾的蜂王腹部变大，行动较稳健；未交尾的蜂王腹部细小，行动活泼，易惊恐。如子脾上产有新卵，说明新王交尾产卵成功。如果不是因为天气原因，超过半个月仍未交尾的处女王应淘汰。

交尾群新王产卵3～5天后，应及时提用，更换老劣蜂王，补给失王群或组织新分群。

蜂王如未正常出房，应及时补台。失王的交尾群，应放出本群内扣住的老王或介入其他产卵王，或作并群处理，以防工蜂产卵。

提脾检查

巢脾上正常出房的自然王
台，台盖已咬开

不能正常出房的死王台

图4-40　检查处女王出台情况

十、分蜂

（一）人工分蜂

人工分蜂是增加蜂群数量的主要方法，有计划地实行人工分蜂，既可防止分蜂团飞失，又可避免因蜂群发生自然分蜂，收捕分蜂团而引起不必要的麻烦。人工分蜂方法有以下几种：

1. 单群均等分蜂　将蜂群用2个蜂箱一分为二。分群后，如有偏巢现象，可将蜂多的一箱向外拉，巢门关小，以平衡两群蜂量。此法多在流蜜期临近结束时采用。

2. 单群不均等分蜂　对已产生分蜂热的蜂群，可将老蜂王及带蜂的成熟封盖子脾、蜜脾各抽出1框，另置新址作繁殖群。原群只保留1个大而端正的成熟王台，其余王台毁除，用处女王群作采蜜群。此法可在大流蜜期使用。

3. 混合分群　具体步骤见图4-41。

不管采取哪种分蜂方式，分蜂时一定注意检查蜂王，记录哪一群有王，哪一群无王，有王则不能留台，留台则不能有王（图4-42）。分蜂时及分蜂后2～3天，要彻底检查所有巢脾，包括巢脾边缘及脾面，毁除所有自然王台，以免引起第2次分蜂。此外，分蜂后第2～3天要根据蜂量变化（因老蜂回巢），及时增减巢脾，以防冻伤王台、子脾。

人工分蜂还可以分为原场分蜂和异地分蜂。原场分蜂就是在蜂场就地分蜂，安置蜂群。为防止回蜂，造成蜂脾失调及干扰处女王正常交尾，可实行异地分蜂，即分蜂时将分蜂群中的一群运到离本场1～2千米外的地方，待新王交尾成功后再搬回本场。

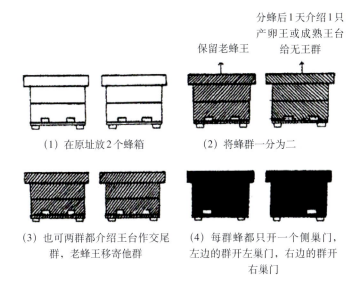

保留老蜂王

分蜂后1天介绍1只
产卵王或成熟王台
给无王群

(1) 在原址放2个蜂箱　　　(2) 将蜂群一分为二

(3) 也可两群都介绍王台作交尾　(4) 每群蜂都只开一个侧巢门，
　　群，老蜂王移寄他群　　　　左边的群开左巢门，右边的群开
　　　　　　　　　　　　　　　　　　　右巢门

单群均等分蜂

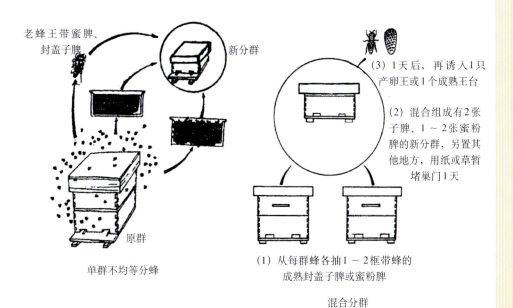

老蜂王带蜜脾、
封盖子脾

新分群

原群

单群不均等分蜂

(3) 1天后，再诱入1只
　　产卵王或1个成熟王台

(2) 混合组成有2张
　　子脾、1～2张蜜粉
　　脾的新分群，另置其
　　他地方，用纸或草暂
　　堵巢门1天

(1) 从每群蜂各抽1～2框带蜂的
　　成熟封盖子脾或蜜粉脾

混合分群

图4-41　人工分蜂示意（引自王培堃）

检查蜂王　　　　　　　　　将有王的巢脾提到另一个蜂箱中，再配给子脾和蜜
　　　　　　　　　　　　　粉脾，为防回蜂，可多抖1脾蜂给分出群，将分出
　　　　　　　　　　　　　的老蜂王群搬到他处，原群留台作为交尾群

图4-42　人工分蜂注意事项（引自 Henri Clément）

（二）自然分蜂和自然分蜂团的收捕

　　传统方法饲养的中蜂群无法进行人工分蜂。活框饲养的中蜂群因管理疏忽，也会产生自然分蜂。

　　自然分蜂通常发生在无风、闷热的晴天10：00到15：00这段时间，久雨初晴时最易发生。发生自然分蜂时，大量工蜂簇拥蜂王飞出巢门，在空中飞翔盘旋，然后在树枝或其他附着物上结团。发现自然分蜂要向空中洒水或抛掷沙土，诱使蜂群就近降落，待蜂群结团后，要尽快收回。收捕分蜂团，可用收蜂笼（图4-43），或收蜂袋收蜂。收蜂时将收蜂笼置于蜂团上方，利用蜂群向上移动的习性，用蜂刷或手轻揉蜂团，让蜂上笼，也可用塑料袋将蜂团罩住收入袋内。

用收蜂笼收蜂　　　　　用透气的尼龙纱袋收蜂　　　将蜂抖入准备好的活框蜂箱内

图4-43　收捕分蜂团

　　收蜂的同时准备一空箱，从发生分蜂的原群或其他蜂群中提1框蜜脾和1框幼虫脾，置此空蜂箱一侧，外侧放木隔板，关闭巢门，放到新址。将已上笼的蜂或袋中的蜂团用力振落至箱内，立即盖好副盖、箱盖，2～3小时后，检查蜂群上脾情况。如未上脾，应用蜂刷催蜂上脾，或将巢脾置于蜜蜂结团处，然后打开巢门，隔天再根据群势加脾或减脾。

　　发生自然分蜂后，应及时检查原群，只保留1个最好的成熟王台，抽出多余巢脾。此后，隔2天再检查一次，毁除漏查王台。活框饲养的蜂群，如果蜂数过于密集，应抖脾检查，以免漏台造成二次分蜂。

　　中蜂场可在其附近设置收蜂台或收蜂笼等（图4-44），收蜂笼中应涂有蜂蜡或喷淡盐水，以便自然分蜂时分蜂团集结栖息，便于养蜂员就近回收分蜂群。

设置在蜂场附近的多个收蜂笼　　　　　　发生自然分蜂后，集结在收蜂笼中的分出群

图4-44　悬挂收蜂笼收蜂

十一、预防和解除分蜂热

　　分蜂热是蜜蜂自然分蜂前的一种现象，大多发生在大流蜜期。蜂群经繁殖，大批幼蜂相继出房，群势增强，巢内哺育蜂过剩，蜂巢拥挤，巢温增高，蜜粉压子，工蜂怠工，卵巢发育的工蜂增多，蜂王产卵减少甚至停产，出现大量雄蜂子脾和雄蜂，起造王台，出现分蜂前兆（图4-45）。若遇晴天，则很快发生自然分蜂。如不及时处理，往往导致群势下降，影响产蜜量和生产封盖成熟蜜。

　　中蜂在春季一旦发生分蜂热则很难控制，所以控制分蜂热的关键在于预防。预防和解除分蜂热，应采取多种措施，综合运用。

传统饲养的中蜂，蜂群已经满桶
（引自薛运波）

蜂桶内巢脾底部出现封盖王台
（引自薛运波）

格子箱巢门前出现大量
休闲蜂聚集
（引自薛运波）

活框箱门前出现休闲蜂
（引自薛运波）

巢脾下方出现雄蜂房及
雄蜂封盖子

子脾下方出现自然王台

意蜂脾上出现自然王台

控制分蜂热，用刀割
去雄蜂

灭除王台

图4-45 蜂群产生分蜂热的特征及控制方法

（一）预防分蜂热

（1）蜂群繁殖期，根据群势发展及蜂王产卵情况，及时加脾、加础扩巢（图4-46）。大流蜜期，将蜂路逐渐由8毫米加宽到10～12毫米，以增加贮蜜量。

（2）强群和弱群互换子脾，将强群中的封

图4-46 在蜂群中加础造脾

盖子调给弱群，弱群中的卵虫脾调给强群，以强助弱，平衡群势。

（3）大流蜜前或大流蜜期蜂群进行繁殖，当意蜂发展到7～8框足蜂、中蜂发展到5～7框足蜂时，应及时叠加浅继箱、继箱，或将蜂群移入卧式箱中饲养。单王群加浅继箱，不用加隔王板（图4-47）。

加浅继箱的蜂群
（引自 Henri Clément）

加继箱的蜂群
（引自 Henri Clément）

大流蜜期中蜂单王群加浅
继箱或继箱可不加隔王板

图4-47　加继箱、浅继箱预防分蜂热

注：蜂群加继箱时，巢继箱间加隔王板，蜂王留在巢箱内产卵。巢继箱中的巢脾，在不同的时期可按不同的方式布置，一般可按上下对等的方式布脾，上面为封盖子脾、蜜粉脾，下面为空脾和虫卵脾。采蜜期可按下少上多的方式布脾，上面为蜜粉脾、封盖子脾和加贮蜜空脾，下面为虫卵脾和加础造脾。蜂群繁殖期，可采取下多上少的方式布脾，每6～8天可把封盖子脾调到继箱上，再将上面出空的封盖子脾调到巢箱内，让蜂王产卵，以促进蜂群繁殖，扩展群势

（4）用新王强群生产。产卵力弱的老劣蜂王是蜂群产生分蜂热的根本原因，因此主要流蜜期应采用不超过1年的蜂王（如春季大流蜜期可使用上年夏秋季培育的蜂王），或在主要流蜜期前培育的新王，新王的控群力强，不易产生分蜂热。

（5）大流蜜期，加入现成的空巢脾给蜂群贮蜜（图4-48），并实行轮脾取蜜，取出部分压子的封盖蜜，解决蜂群贮蜜和蜂王育子之间的矛盾。

（6）大流蜜期开始时，可捉住老蜂王剪翅，防止意外分蜂引起蜂量损失（图4-49、图4-50）；割除非种用雄蜂群的雄蜂子。

（7）气温较高时，覆布卷折（图4-51），或加空浅继箱，以加强群内通风散热。

图4-48　大流蜜期加空脾贮蜜（图示巢脾已有不少水蜜，巢房口发白）

手捉蜂王　　　　剪去一侧前翅的1/2

剪的方向

剪翅时也可以不捉王，提脾发现蜂王后，用锋利的手术剪以挑剪的方式，先俯后仰，迅速剪掉一侧前翅的1/3 ～ 1/2。

图4-49　蜂王剪翅

图4-50　分蜂时掉落地面的剪翅蜂王

图4-51　覆布卷折以加强通风（单板下沉式箱盖的蜂箱，还应用树枝架高箱盖透气）

（二）解除和控制分蜂热

在做好上述预防措施的基础上，进入大流蜜期后，如果蜂群仍发生分蜂热，可采取以下措施：

（1）"偷梁换柱"，强弱群互换箱位。对起分蜂热的强群，灭台和割雄蜂子后，于傍晚与弱群互换位置，让强群中的采集蜂进入弱群。次日傍晚根据二者的蜂量调整巢脾。

（2）当剪翅蜂王带蜂飞出后，可及时检查分出群，只保留其中最大的一个王台，其余取出另作他用，分出群会弃王自动回归本群，分蜂热解除（相当于经历过一次分蜂）。即使找到原群蜂王，也可将老王关在王笼中扣于本群内，使分蜂群成为处女王采蜜群。

（3）蜂群一旦产生分蜂热（特别是中蜂群和春季发生分蜂热时），采取毁台和割除雄蜂子的办法很难解除分蜂热。毁台后蜂群很快又造台，且王台越毁越小，之后变得毫无利用价值。这时不如因势利导，将老蜂王用王笼扣于本群内，利用其自然王台或人工王台尽早分蜂或实行原群换王，用处女王群采蜜，减少蜂群育子负担，集中力量突击采蜜（这对于稀有和价值高的蜜种特别重要），达到既换王又增产的目的。

十二、蜂群异常情况的处理

（一）盗蜂的预防和处理

外界蜜粉源中断，久雨初晴，巢内饲料缺乏，晚秋断蜜后气温尚高，工蜂仍在活动，容易出现盗蜂。盗蜂的特征是空腹进、饱腹出；巢门前蜜蜂互相咬杀；弱群巢门异常"热闹"，巢内蜂群混乱。被盗群一般为弱群、无王群、交尾群。一旦发现盗蜂要立即处理，否则易波及全场。

预防盗蜂的方法：加强饲喂，防止蜂群缺蜜；检查、喂糖时勿将糖液、蜜汁洒到箱外；缺蜜期缩小巢门，堵严箱缝，合并弱群；如无必要不开箱检查；需开箱查看，宜在清晨、傍晚工蜂大多在巢内时抽查，检查时用宽大覆布做防盗布，盖在箱面上。

一旦发现蜂群被盗，可在巢门前安装防盗巢门，或者先缩小被盗群的巢门，只容1～2只蜂进出，然后用柴油、风油精或大蒜涂在巢门口驱避盗蜂（图4-52）。

如采取上述措施仍不能制止盗蜂，则可用青草或树枝等遮掩巢门，并将蜂箱巢门适当转向，待盗蜂消除后再将蜂箱的巢门恢复原状。

如蜂场大部分蜂群起盗或他场蜂来盗，情况严重，应尽快迁场止盗。

| 在巢门前安装前突式防盗巢门 | 发现盗蜂后立即关小巢门 |

在巢门口涂柴油等驱避剂　　　　　　用青草遮掩巢门

图4-52　蜂群止盗

（二）对蜂群失王及工蜂产卵的处理

因多种原因蜂群会失王，如盗蜂、取蜜提脾时不慎碰伤或摔伤蜂王、处女王交尾失败等。

箱外观察发现，失王群工蜂外出不积极，尤其是采粉蜂少；巢门口有少数工蜂不安地来回爬动；提脾时脾上工蜂慌乱，情绪紧张，脾面上出现急造王台等（图4-53）。对失王群要及时毁除急造王台，介绍产卵王或成熟王台，或与其他有王群合并，及时将其纠正为正常群（图4-54）。

蜂群失王后，因管理疏忽导致未及时发现并作相应处理，而急造王台又没有成功，就会发生工蜂产卵现象。尤其是中蜂，有时失王3～4天后就有少数工蜂开始产卵，其产卵特征是一房数粒、东倒西歪（图4-55）。工蜂产的卵只能发育成弱小的雄蜂，如不处理就会全群覆灭。

中蜂失王群的急造王台（未封盖）　　　　中蜂失王群的急造王台（已封盖）

意蜂失王群的急造王台（未封盖）　　　　　意蜂失王群的急造王台（已封盖）

图4-53　失王群的急造王台（这种王台往往出现在脾面上，不在巢脾的下端）

正常蜂王，体长约为工蜂的1.5倍　　　急造蜂王质量极差，个体大小与
工蜂接近（圆圈所示）
（张朋摄）

图4-54　正常蜂王与急造蜂王比较

工蜂产卵若发生不久，可及时提出工蜂产卵脾，从他群调入子脾，并诱入产卵王。工蜂产卵脾中灌水后来回晃动，然后用摇蜜机摇出水和虫、卵，脱水后交他群处理。如失王过久，群内大部分是雄蜂蛹脾，诱王难以成功，则将脾全部提出，将蜂抖入箱内，使其饥饿1～2天，再并入他群。群内的雄蜂蛹脾割盖后放入强群处理。

图4-55　工蜂产的卵（一房多粒、东倒西歪）

(三) 防止中蜂飞逃

中蜂飞逃的原因很多，如外界长期无蜜粉源、群内缺蜜、弱群被盗蜂骚扰、疾病严重、巢虫滋生、胡蜂侵袭无法抵抗、烟熏、蜂群受强烈震动、夏日暴晒使箱内过热和湿度低、蜂箱异味强烈等。

预防中蜂飞逃的关键在于平时注意加强蜂群的饲养管理，做到群强、蜜足、无病，及时防治病敌害；缺蜜期到来前要预先喂足饲料，平时发现存蜜不足应及时补饲，给蜂群创造一个良好稳定的生活环境。

蜂群飞逃前，一般都有明显预兆，如工蜂怠工，出勤减少，回巢时带粉少；巢内幼虫少甚至完全没有；巢脾陈旧，饲料奇缺；脾上有大面积白头蛹或病死幼虫。一旦发现飞逃征兆，应迅速查明导致飞逃的原因，采取针对性的解除措施，如给蜂群调入幼虫脾、对缺蜜群进行补饲、将蜂王剪翅、巢门前设置防逃片或安装雅各式巢门等（图4-56）。一旦蜂群发生飞逃，应立即关闭逃群巢门，以免波及全场，然后再作处理。

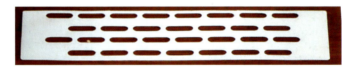

塑料防逃片

大雅各式巢门

小雅各式巢门

图4-56　蜂王防逃片及雅各式巢门（刘云摄）

十三、蜂群转地

为充分利用不同地区的蜜粉源，增加蜂产品产量，或转移、隔离病群、防止盗群等，需要利用交通工具，对蜂群进行转运（图4-57）。

蜂群转地饲养必须有计划、有步骤地进行。转地饲养的过程包括蜜粉源调查、转地前的准备工作、转地途中的防护工作以及入场后的蜂群整理4个方面。

运蜂车（养蜂平台）

挑蜂上车

蜂群装车码箱捆扎
好后，整装待发

图4-57 转地放蜂

（一）蜜粉源调查

放蜂场地必须有充足的蜜粉源。在转地前应主要了解放蜂地区的气候特点，蜜粉源植物的种类、生长情况、开花流蜜期、面积，蜂场密度及当地的风俗民情，并与场地的负责人事先取得联系，以免与当地百姓或其他蜂场产生矛盾。

（二）转地前的准备工作

1.调整蜂群 转地前必须将要转运的蜂群群势进行平衡性调整。可适当抽取强群内的封盖子脾或连蜂带脾调入弱群，做到以强补弱。无子脾的蜂群，应从其他蜂群换入有子巢脾，以增强蜜蜂的恋巢性。

2.留足饲料 长途转地要消耗许多饲料，在转地前应给蜂群留足一定的饲料。热天长途转地，应将刚进的稀蜜摇掉，以免发生闷蜂。

3.固定巢脾和巢箱 为了避免巢脾在转地途中因摆动而压死蜜蜂，在转地前1～2天必须固定巢脾。固定巢脾的方法一般是使用卡框条，以保持巢脾间的距离（图4-58）。若有继箱，应用各种巢、继箱连接器进行固定（图4-59、图4-60），并钉好副盖。

用塑料卡框条固定巢脾

已固定好巢脾的蜂群

图4-58 固定巢脾

(1) 转地前，用蜂箱连接器固定巢、继箱，通常采用弹簧和自制的拉簧杆（用检查谷物用的钎样器改制或用钢筋制作）

(2) 将弹簧一端的小环套在巢箱一侧的铁钉上，另用拉簧杆穿过弹簧另一端的小环，杆的尖端搭在继箱的铁钉上（铁钉帽露出箱壁1～1.5厘米）

(3) 向上将拉簧杆抬起，弹簧一端的小环即沿拉簧杆滑落套挂在继箱的铁钉上，将巢、继箱连接固定

(4) 固定后的巢、继箱（图中的巢、继箱前后壁均用弹簧固定，共4个弹簧）

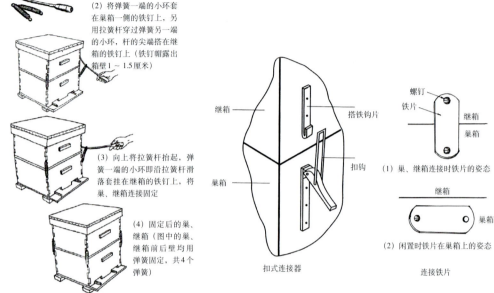

(1) 巢、继箱连接时铁片的姿态

(2) 闲置时铁片在巢箱上的姿态

连接铁片

图4-59　连接器固定巢、继箱（引自王培堃）　　图4-60　扣式连接器和连接铁片

（三）转地途中的防护工作

运蜂最好在夜间进行，启运当天傍晚，待蜂回巢后，关闭巢门。如天热、蜂强，有蜂在巢门处结团，可喷水驱蜂入巢后，再关闭巢门。

装车码箱时，巢脾放置的方向应为运蜂车前进的方向，弱群在下层，强群在上层。天热时运蜂，应去除覆布，打开底窗或前后纱窗、箱盖侧条，以便通风散热，蜂箱装好后用粗绳绑牢，以保证蜂群安全。如需白天转运，应尽量减少途中休息时间，休息时应保持蜂群通风、遮阴。如蜂群骚动剧烈，巢内温度高，可用橡胶管对蜂群喷水降温。

意蜂转地，多采用开门运蜂的方式（即不关闭巢门）。

（四）入场后的蜂群整理

蜂群转运到达目的地后，应尽快将蜂群卸下，安放于新场地预先规划好的合适位置，等蜂群安静2小时后，陆续打开巢门；次日待蜂群稳定后拆除箱体连接装置及卡框条，检查蜂群是否正常，然后根据蜂群情况采取相应的管理措施。

第五章 蜂群的阶段管理

一、阶段管理的概念

蜂群是养蜂生产的重要生产资料，要保证蜂场获得合理的收益，做好蜂群的饲养管理工作是养蜂生产的核心。

蜂群的繁殖、生产与外界气候、蜜粉源密切相关。气候具有明显的地域性、季节性，随着季节的变化，不同的蜜粉源植物会在不同的季节开花流蜜，蜂群的群势和养蜂生产的流程、节奏也会随着气候、蜜粉源的变化而变化。因此，以往将蜂群在一年中的生产管理过程，按季节归纳为蜂群的四季管理。

我国幅员辽阔，不同地区的气候、蜜粉源不同，养蜂生产中使用的蜂种（如中蜂、意蜂等）、生产目标（如蜂蜜、蜂王浆及其他产品等）、生产方式（如传统、活框饲养，定地、转地饲养等）也不同，情况十分复杂（图5-1）。

但是，不管使用什么蜂种、在什么地区、以什么方式生产，蜂群在一年中总会有春季繁殖期、生产期、生产间隙期、分蜂换王期、越夏期和越冬期

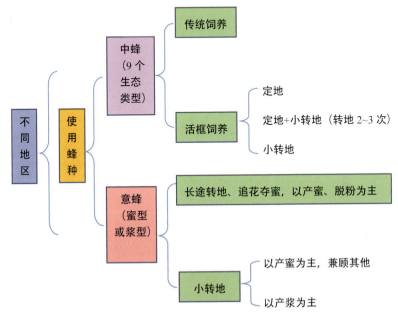

图5-1　蜂种与生产方式

（这两个时期有的地区没有）等时期。不同时期，蜂群管理的内容和重点不同，而相同阶段蜂群管理的要求和方法又有其共同之处，所以从阶段管理的角度来叙述一年中蜂群的饲养管理，就可以使不同的养蜂者都能掌握蜂群管理的基本原理和方法。简言之，蜂群的阶段管理，就是依据蜂群在一年中不同管理阶段的气候、蜜粉源特点，确定具体的管理目标及相应的管理措施，对蜂群进行有效管理，从而达到提质增效目的的一种科学饲养管理方法。

二、各阶段蜂群的管理方法

（一）春季繁殖期的管理

蜂群越冬后，群势减退变弱，春季开始包装繁殖，群势恢复发展，由弱逐渐变强，形成具有较强群势并具一定生产能力的生产群，进入春季生产期，这一阶段就称为蜂群的春季繁殖期（简称春繁期）。

冬去春来，气候由冷逐渐转暖，万物复苏，蜂群也从蛰伏状态开始恢复繁殖。一般当外界旬平均气温稳定达 5 ～ 6℃ 时，蜂王开始产卵，即可包装春繁。春繁开始期一般南方早（12月中下旬至翌年2月上旬），北方迟（较南方至少推迟30天）；意蜂宜早，中蜂宜迟。

我国中、北部一部分大转地放蜂的意蜂场，在秋末冬初（10—11月）转地到南方越冬、春繁（图5-2），另一部分在当地就地越冬、春繁。小转地的中蜂和意蜂场，也可就近小转地到海拔低、气温高、春季蜜粉源开花早（如油菜）的地区春繁。

到云南罗平县油菜花场地春繁的转地蜂场　　　新疆梁朝友蜂场在云南墨江县的春繁场地

图5-2　转地到南方繁蜂的意蜂场

春繁期的管理主要有以下措施：

1.缩脾紧脾，合并弱群　春繁前期气温较低，且时有寒潮侵袭，乍暖还寒，气温忽高忽低、变化剧烈，容易导致蜂群发病（尤其是中蜂囊状幼虫病）。如果春繁期间长期低温阴雨，可进而影响蜂群产卵繁殖。

为了保证蜂群顺利春繁，春繁开始时应对蜂群缩脾紧脾，进行保温包装。

蜂群开始春繁时，应趁白天气温在12℃以上时，全面检查整理蜂群，失王群要及时合并。并按每群的实际蜂量*抽减1～2张巢脾，使蜂多于脾，密集蜂数，使框距保持在8毫米。整巢时应同时淘汰破损的老旧巢脾和虫害脾。

巢脾的布置方式是：1～2张大蜜粉脾，其余为半蜜脾，并实行巢外挂脾。巢外挂脾的意思是在保温隔板外侧加一块半蜜脾，此脾外再加一块保温隔板（图5-3）。巢外挂脾的好处是当蜂群缺蜜时，可利用该脾上的存蜜；天气晴好、蜂群进蜜较多时，蜂群又可在此脾上贮蜜。当脾上的贮蜜被蜂群利用，巢内需要加脾时，又可将其移入巢内，让蜂王产卵，然后在两隔板间再加入另一张半蜜脾。

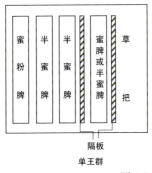
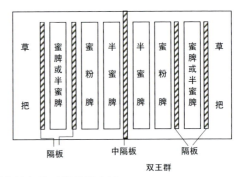

图5-3　蜂群春繁包装时巢脾的布置

为了加快蜂群的繁殖，春繁的起步群势意蜂应在4框足蜂以上；温热地区中蜂的起步群势为2～3框，其他地区为4～5框。不足2框的蜂群，基础群势弱，蜂群发展缓慢，应合并到其他群或组成双王群繁殖。

2.保温包装　春繁前期气温较低，整巢后应在巢内添加保温物，加强蜂群保温（图5-4）。通常可在蜂箱的空隙处填塞用稻草、麦秸或山草扎成的干草把，或在隔板外添加草框、挤塑板、泡沫板，或用硬纸板做成的双面夹层保温巢框；副盖和覆布上加盖草帘或毛毡毯保温，寒潮侵袭时要缩小巢门。

意蜂春繁时可以联排摆放，在气温较低的地区，春繁时可在箱底用干草垫高7～10厘米，箱与箱之间的空隙用干草填充（图5-5）。箱壁也要用干草

---

　　*　实际蜂量是指工蜂在巢脾面上一个挨一个地排列，互不重叠，爬满两面巢脾时为1框足蜂，1框足蜂约有3 000只蜜蜂。

包好，然后加盖塑料薄膜保温、遮雨、防潮，塑料薄膜要用石块压实。

温热地区春繁时不用内、外包装。

用草框从两边夹住蜂巢保温　　　用挤塑板或泡沫板从两边夹住蜂巢保温　　　巢框上直接盖塑料薄膜

副盖上加盖覆布和毛毡　　蜂箱铁纱副盖和覆布上加盖草帘

图5-4　春繁时对蜂群保温

注：用塑料薄膜与覆布可组成双层保温结构，方法是用薄膜直接搭在蜂群的巢框上，露出两侧通气；然后盖好铁纱副盖，副盖上再盖覆布、毛毡等。这样做成的双层保温结构比单层保温效果好，越冬时可减少饲料消耗；春繁和晚秋繁蜂时保温做得好，可提高繁蜂效果和工蜂的出勤量，同时有助于提高蜂蜜的浓度

图5-5　春繁时意蜂蜂箱联排包装

3.奖励繁殖，逐步扩巢 蜂群包装后，应在巢内存蜜充足的基础上，在夜晚用添加1‰食盐的糖浆（1千克糖加1升水），对蜂群连续奖饲2～3天，促进蜂王产卵。此后根据巢内饲料及气候状况，进行奖励饲喂。奖饲以少量多次、蜜不压子为原则，不宜过多。外界无蜜，阴雨天时勤喂，外界有蜜时则不喂。开始春繁时除饲喂糖浆外，还应补饲花粉。

寒冷地区，春繁前期气温低，为防止工蜂出巢采水被冻死，应实行巢门喂水（图5-6），水中添加1‰的食盐，温热地区则设置公共饮水器，确保蜂群在春繁期间不缺蜜、粉、水、盐。

图5-6　早春蜂群巢门喂水（王志摄）

4.适时加脾扩巢，春繁后期撤除保温物 春繁前期气温低且多变，当蜂王产卵到边脾需要扩巢时，加脾应谨慎。初期加脾最好加入颜色稍深、保温性能较好的巢脾，待蜂群安全度过更新期，蜂量明显上升后，再加巢础造脾。春繁期间加脾扩巢，一定要坚持蜂脾相称的原则，即"加脾宁慢勿快，蜂宁厚勿薄"。尤其是中蜂，应避免扩巢过快，蜂王产卵过多，蜂脾失调而护不住脾，寒潮侵袭时，蜂群收缩，巢脾边缘幼虫挨饿受冻，诱发病害。

当日平均气温稳定回升到12℃以上，蜂群进蜜进粉较好，应扩大巢门，通风排湿。蜂群达5～6框蜂量后，应按先内后外的原则，逐步撤出内、外包装，防止巢温过高，影响蜂群繁殖（图5-7）。

5.预防和控制分蜂热 春繁后期蜜粉源丰富，随着气温逐渐升高蜂群群势上升，具备了一定的生产能力，如外界流蜜旺盛，蜂群实际就进入了当年的第一个生产期，取蜜产浆。

蜂群春季分蜂性强，在气候、蜜粉源适宜的情况下，部分蜂群（特别是老劣王群）会产生分蜂热。因此，春繁后期要注意结合生产，预防和解除分蜂热（见第四章"十一、预防和解除分蜂热"）。

蜂箱巢门前若有脱落的花粉，说明巢门开放过小（或圆形巢门处于防逃模式），应开大巢门，以利工蜂进出

蜂箱如用泡沫板或挤塑板保温，则原先只开1个巢门的，此时应同时打开2个巢门，将保温泡沫板斜放（左侧）或撤出，让巢门连通巢内，方便工蜂进出

用铲刀清扫箱底

图5-7　蜂群度过更新期（新出房的工蜂数超过死亡的老蜂数）后的管理

（二）生产期的管理

1.生产期的特点和管理要点　气候、蜜粉源、蜂群是养蜂生产的三要素，强大的蜂群群势、大宗蜜粉源开花流蜜、适宜的气候（气温在12℃以上，多晴少雨）是蜂群实现高产、稳产的条件，三者缺一不可（图5-8）。

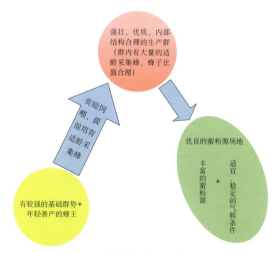

图5-8　蜂群高产的内外部条件

注：圆形框内为蜂群高产的内部条件，椭圆形框内为蜂群高产的外部条件。强大的蜂群、大蜜粉源开花流蜜、适宜的气候是蜂群实现高产、稳产的内外部条件，缺一不可

一个强群的生产能力往往是弱群的2～3倍（图5-9），甚至达到5倍。大流蜜期往往比较短暂，通常只有20～25天，短的甚至只有10～15天，因此要夺取高产，就需要提前培育强群，使外界大流蜜期与蜂群强盛期实现两期相遇。一般来说，实现高产的理想蜂群群势，大流蜜初期意蜂应在12框以上；中蜂在温热地区应为4～5框，其他地区应为6～7框。

中蜂弱群（3框半蜂）　　　　中蜂中等群势的蜂群（6框）　　中蜂12框强群（5框大蜜脾）

中蜂单王双层浅继　湖北荆门市蜂场养双王　贵州大方县某蜂场的中蜂　意蜂多箱体强群
箱蜂群，浅继箱一　浅继箱群（三层浅继　继箱强群，苕子和漆树花　（刘富海摄）
次取蜜15千克　　箱）一次可取成熟蜜　期两次取蜜25千克
　　　　　　　　27.5千克，并留一半作
　　　　　　　　饲料（曾庆忠供图）

图5-9　不同群势的蜂群，产量不一样

在大流蜜期开始之前、分蜂换王或外界蜜粉源不足时，蜂群群势都比较弱。为了达到理想的采蜜群势，就需要在大流蜜期到来之前45天左右，利用辅助蜜源期，对蜂群进行奖励饲喂，至少繁殖2代子（20～21天繁殖1代子），发展群势，为生产期培育大量适龄采集蜂和哺育蜂（生产蜂王浆）。因此，蜂群的生产期实际上包含了2个时期，分别为生产期前适龄采集蜂培育期和大流蜜生产期。

生产期蜂群管理要点：大流蜜前期，要加强对蜂群的奖励饲喂，加速蜂群繁殖，不断造脾扩巢，发展群势（中蜂一般每隔9～11天加一张巢础*），争取

————————
*　中蜂加础造脾的标准是，当前一张巢础造好，蜂王产卵，幼虫脾开始封盖时，即可再加入一张巢础。

在大流蜜开始时达到理想的采集群势。进入大流蜜期之后，则要求采取多种措施，保持蜂群旺盛的群势和积极的工作状态，如加浅继箱、继箱、添加贮蜜空脾、及时取蜜产浆、防止分蜂热、夺取高产。

如果预计蜂群在大流蜜开始时达不到理想的生产群势，应在大流蜜开始前15～20天，通过并群或从弱群中抽出正在出房的子脾补给群势较强的蜂群，组织有效的生产群，或在大流蜜期将2个弱群合并成中等以上群势进行生产。

2. 不同蜂种、不同生产方式生产期的管理策略和方法　由于蜂种、蜂场规模、生产方式不同，在蜂群的生产阶段，其管理策略及管理方法也不相同。

（1）意蜂场的管理　意蜂生产可分为长途转地（又称大转地）、追花夺蜜，以产蜜、脱粉为主；小转地以产浆为主，或以产蜜为主、兼顾其他产品生产等多种方式。

①长途转地、追花夺蜜的蜂场　这类蜂场以产蜜、脱粉为主，通常在上年秋末冬初转地到南方温热地区春繁，然后由南至北，一路追花夺蜜，由一个蜜粉源场地转地到另一个蜜粉源场地，采集不同地区的蜜粉源，转地总里程通常达数百至上千千米，现以贵州遵义市某蜂场的转地路线为例：

1月中旬云南西双版纳傣族自治州油菜花期补饲春繁→2月中旬云南罗平县采油菜→3月上旬云南曲靖市采紫云英、苕子→5月上旬陕西延安市采洋槐→5月中旬河北顺平县采荆条→6月上旬黑龙江尚志市采椴树→7月下旬贵州遵义市采盐肤木→8月下旬贵州铜仁市采晚盐肤木→9月下旬贵州湄潭县、凤岗镇采茶花粉，休整→1月返回云南西双版纳傣族自治州。

其中，4月紫云英花期、8月盐肤木花期先后2次育王换王，分别于7月和春繁前集中治螨。

这类蜂场在管理中要注意以下几点：

A. 蜂场在转地前要事先了解不同地区的气候、蜜粉源状况，以及开花流蜜的具体时期，通过认真比较，选择蜜粉源丰富、气候相对稳定、花期相错且前后衔接的场地，拟定合理的放蜂路线。

转地前应与当地有关部门、负责人联系，落实放蜂场地，掌握进出蜂场的时间节点，及时转场。转地时最好"赶花头，丢花尾"，这样可以提前到达场地并避免在蜜粉源后期发生盗蜂。

B. 由于长途转地不断追赶蜜粉源，通过春繁将蜂群繁殖成强群并加继箱后，应始终维持继箱强群生产，直到当年最后一个蜜粉源花期结束时才撤继箱。为了维持蜂群群势，在生产过程中要每6～8天调脾一次，将巢箱中的封盖子脾提到继箱内，继箱中已出空的封盖子脾调到巢箱，让蜂王产卵，边繁殖、边生产。当外界蜜粉源丰富时，要不失时机地添加巢础造脾扩巢，发展生产群势。

巢、继箱巢脾布置多采取上下对等排列的方式。在侧重繁殖时采用下多上少的方式布脾；采蜜期则下少上多，适当控制蜂王产卵，提高产蜜量。

C.生产中适当兼顾繁殖，从强群中提出部分蜂脾另组分蜂群，培育新王，组成繁殖群。当繁殖群达到一定群势后，又可作为副群，提封盖子脾加强生产群。

D.根据不同蜜粉源场地的特点，决定采蜜或脱粉。劳动力多的蜂场，在某些流蜜期（如油菜花期）可适当生产蜂王浆，控制分蜂热。

E.结合中途换王，或春繁前扣王断子，集中治螨，日常可挂螨扑或采用其他方式治螨。

②小转地以产浆为主的蜂场 这类蜂场通常在相同或相邻地区几十到上百千米范围内小转地放蜂。以产浆为主的蜂场，也要安排好自己的放蜂路线。从春繁后陆续加继箱起，维持继箱强群，连续生产，直到最后一个蜜粉源结束停止产浆时为止。南方产浆期可长达6～7个月。

产浆蜂场生产期一般要求群势维持在12～14框，呈上下对等或下多上少的方式布脾（如下7框上5框，或下8框上6框）。

产浆蜂场要尽量利用自然蜜粉源生产，降低生产成本，在大流蜜期除产浆外，还可取蜜，缺蜜缺粉期要补饲蜜、粉。现以湖北荆门市某小转地产浆蜂场转地路线为例：

1月在荆门市当地包装春繁→2—3月荆门市沙洋县、东宝区、钟祥市采油菜花→4月荆门市东宝区、京山市采山花→4月下旬宜昌市采柑橘→5月中旬至7月上旬荆门市东宝区、钟祥市采荆条→8月荆门市沙洋县、潜江市采芝麻，或荆门市东宝区、京山市采楝叶吴萸→8月下旬至9月初掇刀区、东宝区采栾树→9月底十堰市采盐肤木、茶花→10月上中旬停止王浆生产，转回荆门市越冬。

1月放王春繁前和9—10月培育越冬蜂结束后扣王断子，喷施触杀型的杀螨药或采用草酸熏蒸治螨等。3月油菜花期和8—9月秋繁时换王。

小转地以产蜜为主的蜂场，管理方法可参照小转地产浆的蜂场。

（2）中蜂场的管理 中蜂不宜长途运输，多采取定地或定地加小转地的方式饲养。

定地饲养的蜂群在数量较多的情况下，宜分散在多个场地放养，以防止蜂群过于集中、蜜粉源有限而降低产蜜量。

小转地饲养的蜂群也应规划放蜂路线，把握进出蜂场的时间节点（进场时间以花开10%～15%时为宜）。如有意蜂同场放蜂，花期结束后应尽早退场，以免引起盗蜂。中蜂小转地放蜂路线以广西昭平县某中蜂场为例：

1月中旬由广西昭平县转地到广西苍梧县春繁→2月底转地广东采荔枝、龙眼→3月底广西平南县采晚荔枝→4月中旬广西昭平县休整→6月中旬昭平县采乌桕、玉米，育王换王→7月上中旬广西金秀县避暑度夏→9月上旬广西阳朔县采九龙藤→10月上旬转回广西昭平县采鸭脚木，然后就地越冬。

中蜂生产期的管理要注意以下几点：

①中蜂生产期巢虫、胡蜂危害严重（尤其是夏秋季），要注意防范。

②夏秋季气温较高时应将蜂群尽量安置在阴凉处，遮阴防晒，加浅继箱，揭开覆布一角，加强箱内通风散热。

③适时换王，预防和控制分蜂热（参见第四章"十一、预防和解除分蜂热"）。

④中蜂蜜市场价格高，生产中要注意保证蜂蜜的纯度，提倡取高浓度的封盖成熟蜜。为此，在大流蜜开始时要及时清框，将脾中含有饲料糖的蜂蜜取出另作他用（如饲料）。同时采取综合措施，提高蜂蜜浓度。通过紧脾密集蜂数；折叠覆布，加强通风排湿；加浅继箱，实现子蜜分离；实行轮脾取蜜、二次摇蜜。通过这些方式取蜜，使蜂蜜浓度提高1～1.5波美度，达到或超过42波美度。

A.实行浅继箱生产：当蜂群群势达5～7框时在底箱上加浅继箱（图5-10）。浅继箱可增加蜂群贮蜜空间，并实现子蜜分离，在大流蜜期或有连续蜜源的情况下，增产效果好，一般可提高产蜜量30%～100%。当蜂群产生分蜂热时，加浅继箱并配合其他措施（如揭开覆布，加强通风散热）还能有效解除分蜂热。

加浅继箱的蜂群　　　　　　浅巢脾上的贮蜜　　　　可用大的旧巢脾锯短改造
　　　　　　　　　　　　　　　　　　　　　　　　成浅巢框（童梓德摄）

图5-10　中蜂加浅继箱生产蜂蜜

　　浅巢脾的来源，一是在大流蜜期蜂群造脾旺盛时，在浅继箱中加浅巢础框造脾；二是利用平常从蜂群中淘汰的旧巢脾，经消毒灭虫处理后，锯掉下半截巢脾，改造成浅巢脾。巢继箱中的巢脾应对应摆放，中间不放隔王板。浅巢箱中的放框数量依蜂群群势而定。在第一个浅继箱中巢脾装满蜂蜜并接近封盖时，再在上面叠加一个浅继箱。如果前一个流蜜期浅巢脾未完全封盖，可转地到下一个蜜源场地继续采集，让其封盖。

　　浅巢脾用完之后，让蜂群将余蜜打扫干净，取出经冷冻灭虫后，第二年还可以继续使用。秋季采完全年最后一个大蜜源时撤浅继箱，压成平箱繁殖蜜蜂。

　　B.轮脾取蜜：是指在春季、晚秋和冬季气温较低、容易变化的时期，应留下巢箱中1～2张脾上的陈蜜不取（可能含有饲料），用于气候变化时给蜂群留作饲料，取出其余脾上的陈蜜供工蜂贮存新蜜。此后根据气候和进蜜情况，再适时取出原来未取过蜜的巢脾中的蜂蜜。

　　C.二次摇蜜：是指摇蜜时同时使用2台摇蜜机，当巢脾上蜜脾大部分封盖后可取出，用第一台摇蜜机将脾中尚未完全封盖的未成熟蜜摇出（图5-11），然后割开蜜盖，再用第二台摇蜜机摇出封盖蜜（图5-12）。摇出的未成熟蜜（一般在39～40波美度），在流蜜后期可喂给强群，让强群酿造成熟后再取商品蜜，或留给蜂群作饲料。

　　D.仿生除湿：南方雨季气候潮湿，中蜂蜜脾即使封盖也难以超过40波美度（如山乌桕花期），在这种情况下，可将装在浅继箱中的封盖蜜脾集中到一个清洁卫生的小房间内，房间内用电热器加热到30～35℃，同时用除湿机抽湿（湿度控制在40%以下），让脾中蜂蜜仿生除湿成熟达标（图5-13）。

封盖蜜

未完全封盖蜜
（俗称"起鱼眼子"）

水蜜

图5-11　巢脾中处于不同情况的蜂蜜

图5-12　二次摇蜜

浅继箱蜜脾置除湿房内
仿生除湿

除湿机

图5-13　仿生除湿

（三）分蜂换王期的管理

1.换王的次数及时期　新王产卵力强，能带领强群，在生产上提倡使用不超过1年龄的蜂王。一般蜂王1年换1次，有条件的地方和蜂场，1年可以换2次。

外界气温适宜（白天气温达20℃以上），多晴少雨的季节，有一定的蜜粉源，都适宜育王换王。为了不影响蜂群生产，分蜂换王期一般安排在大流蜜期之前或之后，或者在不太重要的蜜粉源场地蜂群休整期进行，短期内全场集中全面换王。如在大流蜜期结束时换王，可利用蜂群在大流蜜期育王的积极性，在流蜜中后期培育王台，蜜粉源刚一结束即分蜂换王。大流蜜期过后蜂群群势强、雄蜂多，有蜂可分，也有利于蜂王交尾。在南方春季较晚的大流蜜期（龙眼、荔枝）到来之前，以及9—10月（秋冬季野桂花、鸭脚木大流蜜前），中蜂也可以及时换王。意蜂则多结合扣王断子治螨换王。

2.育王换王的方式　一定规模的蜂场（尤其是意蜂场），多采取人工移虫育王的方式，这样可以大批量育王换王，缩短换王的时间。全场集中批量育王换王后，可使全场蜂王年龄、蜂群状况一致，方便统一管理。

没有条件人工移虫育王的蜂场（主要是中蜂场），可以采取切脾育王的方法培育王台，这样育王的数量也比较多。

育王换王可1次或分2次进行，第二次育王应在第一次育王6～9天后进行，对上一次换王失败的蜂群补充封盖子脾，再次补台换王。

换王又可分为原群换王或分蜂换王。对蜂群群势不强、不能分蜂的蜂群，或养殖户不想分蜂，或大流蜜期出现分蜂热的蜂群，可实行原群扣王、挂台换王。对于群势较强的蜂群，在大流蜜期过后，可以结合分蜂，实行分蜂换王。如果想把老王群都换成新王群，也可以在分出的老王群中同时扣王、挂台，培育新王。扣王换王的好处是，当新王交尾失败时，还可以放出老王，维持蜂群，降低换王时蜂群失王的风险。

对于意蜂，特别是转地生产的意蜂，大多为继箱饲养，可以用王笼扣老王在原群中，分别在巢、继箱中各介绍一个成熟王台，巢、继箱间前后错开一定距离（或继箱上开有巢门），分别育王。双王继箱群，一次可培育3只新王（巢箱下左右各1只，继箱上1只）。

除集中换王外，外界条件适合时，还可随时从强群中抽出带蜂的出房子脾，组织交尾群，在多区交尾箱或蜂箱中育王，以便随时替换表现不佳的老劣蜂王和补给失王群。

传统饲养的中蜂，第一次分出的蜂群中都是上年的老蜂王，蜂群很难发展，可以在收回蜂群后杀死老蜂王，让蜂群回归原群，第二次分出群即为新王。

换王时应适当保留部分经上年观察，繁殖、生产性能较好的老王群，以便用作种蜂群和培育雄蜂。

（四）生产间隙期的管理

生产间隙期，是指2个大流蜜期之间（即2个生产期之间）的时期，此期起着承前启后的作用。在上一个大流蜜期结束之后，可以利用生产间隙期分蜂换王。分蜂换王后，换王群有一段停卵断子期，蜂群群势会减弱，如此后还有另一个大流蜜期，可利用下一个流蜜期到来之前35～45天，通过奖励饲喂，恢复发展群势，再为下一个大流蜜期培育适龄采集蜂和强大的采蜜群。

不同地区、不同生产方式，其生产间隙期的长短不同。一般连续转地、追花夺蜜、连续打蜜产浆的蜂场，生产间隙期较短，甚至没有。而定地饲养的蜂场因蜜粉源有限，故生产间隙期较长。在一年只有一个大蜜粉源的地区，生产间隙期甚至长达一年。

这一时期的管理，重点是给蜂群留足饲料，防止蜂群缺蜜缺粉，保证蜂群健康，及时育王换王，维持蜂群群势。在下一个大流蜜期到来之前提前奖励饲喂，发展蜂群群势，培育适龄采集蜂，以便蜂群中采集蜂出现的高峰期与蜜粉源大流蜜高峰期重合，获得高产。

（五）越夏期的管理

在夏季长期气温达32～35℃、且外界缺乏蜜粉源的地区，中蜂蜂群会停卵断子，进入越夏期。在越夏期到来之前，应给蜂群喂足越夏饲料。越夏期应尽量少开箱检查，多做箱外观察，让蜂群安静越夏，保存蜂群实力。

越夏期气温高，要尽量将蜂群安置在阴凉处，遮阴防晒、加强通风（图5-14）。夏秋季巢虫、胡蜂危害严重，要注意防范，并喂足饲料，防止蜂群飞逃，保证蜂群安全度夏。

有条件的蜂场，还可以转地到海拔较高的地区避暑越夏。一旦外界有价值的蜜粉源开始流蜜吐粉，要提前给蜂群奖饲蜜粉，尽快恢复群势，投入生产。

将蜂群安置在阴凉的小树林中

在杂草丛中砍出平整的路径，将蜂群安置在树阴下

搭棚遮阴

在箱盖上加盖遮阴防晒的柴草夹

用打包带、卡钉枪将挤塑板或泡沫板固定在箱盖上隔热

打开大盖上的通风侧条通气

将覆布卷折

加浅继箱

东北地区传统饲养的蜂群遮阴和通风，箱底垫小木块
（薛运波摄）

图5-14 夏季蜂群遮阴防晒，加强通风

（六）越冬期的管理

当气温降低至7～10℃或更低时，蜂群停卵断子，结团越冬，这一时期称为蜂群的越冬期。广义的越冬期还应包括越冬蜂繁殖期，为了保证蜂群安全越冬，有许多工作都是在这个时期完成。

由于各地冬季气温不同，蜂群越冬期长短不同。我国南方温热地区，如广东、广西、福建、海南、云南南部、贵州西南部和南部，冬季气温高，蜂群没有明显的越冬阶段。长江以南的其余地区，越冬期为2个月左右（11月中下旬至翌年1月上旬），而西北、东北及高寒、高海拔地区，越冬期长达3～5个月。长途转地到南方温热地区春繁的蜂群，也没有越冬期。中蜂冬季生产期的管理，与其他时期生产期的管理基本相似，但因此期气温较低，只适宜平箱生产，所以应注意防寒保暖，并根据外界气候及流蜜状况，采取轮脾取蜜的方式取蜜。

对大多数蜂群而言，冬季是蜂群保存实力的季节，安全越冬是首要任务。蜂群越冬前要做好各项准备工作，如培育适龄越冬蜂，使蜂群达到预定的越冬群势，以及备足越冬饲料等，均要在越冬前的晚秋季节完成，因此养蜂又有"一年之计在于秋"之说。

蜂群的越冬管理则是在做好上述工作的基础上，使蜂群安全越冬，不失王，不死王，防止因缺蜜饿死、冻死蜂群。

1.越冬前期（即越冬蜂繁殖期）的管理

（1）繁殖适龄越冬蜂，给蜂群喂足越冬饲料　在秋季最后一个大蜜粉源结束后，就地越冬的蜂群要趁气温不低、外界还有辅助蜜粉源时，繁殖一批适龄越冬蜂，壮大越冬群势。

开始繁殖越冬蜂前，要平衡全场蜂群群势，以强助弱，使蜂王产卵力与蜂群的哺育力相匹配。在繁殖适龄越冬蜂的同时，给蜂群喂足越冬饲料。饲喂的原则是"两头浓、中间淡，两头急、中间缓，两头多、中间少"，意思是取完最后一次秋蜜后，要立即用浓糖浆（2∶1）连续紧急补饲蜂群，同时喂量要大，约为整个越冬饲料的30%，防止蜂群缺蜜。然后，在外界辅助蜜粉源不足的情况下，接着用1∶1的稀糖浆连续、少量、多次奖饲，使蜂王不致过早缩小产卵圈，尽量多繁殖适龄越冬蜂。如果此期气候好，外界不缺蜜，则不用奖饲。秋末气温总的变化趋势是由高渐低，昼夜温差大，因此要用保温物给蜂群保温。当外界日平均气温降到12℃左右，蜂群临近越冬时，应再用浓糖浆大量紧急补饲，喂足越冬饲料。

越冬饲料的储备量应根据当地越冬期的长短来决定（图5-15）。一般越冬期长达2～3个月的地区，平均每框蜂的越冬饲料应备足1～1.5千克（按每框蜂每月0.5千克计算），大致是蜂巢两侧各有一块封盖（或尚未完全封盖的）大蜜脾，中部巢脾上应有4～5指宽的封盖或尚未完全封盖的蜜线。越冬期较短的地区，则可以少储备越冬饲料。

蜂群进入越冬期后，要撤出保温物（让蜂群尽早结团）和中蜂群中的老旧脾与虫害脾。

<table>
<tr><td>东北地区的边蜜脾
（薛运波摄）</td><td>贵州中高海拔（1 300 米
以上）地区的边蜜脾</td><td>蜂巢中部混合子脾临近越冬前的贮蜜状况</td></tr>
</table>

图5-15　给蜂群储备越冬饲料

（2）合并弱群　寒冷地区，意蜂安全越冬的群势要求在6框以上，中蜂要求在4～6框（温热地区不低于3框），群势2框以下的蜂群要及时合并。

（3）意蜂治螨　意蜂采完秋季最后一个蜜粉源，结束当年生产后，要扣王断子15～20天，待群内封盖子基本出完后，彻底杀螨。

2.越冬期间的管理

（1）包装　当外界气温降至7～10℃时，蜂群开始紧密结团，逐渐进入越冬状态（图5-16）。在备足越冬饲料的基础上，此时应将蜂路拉宽至15毫米，以利蜂群结团。

活框弱群中的越冬蜂团　　　　活框强群中的越冬蜂团　　　传统蜂箱中的越冬蜂团

图5-16　越冬蜂团

越冬期南方蜂群不进行内、外包装，坚持"宁冷勿热"的原则，让蜂群安静越冬。

我国北方及高寒地区的蜂群，在做好包装后，室外也可安全越冬。室外越冬的蜂群可单箱越冬，意蜂也可联排包装越冬。

蜂群包装的原则是"蜂强蜜足，背风向阳，空气流通，外厚内少，宁冷勿热"。

单箱包装一般为6框以上，箱内可不加保温物。其他群势，其两侧隔板外可加草框、泡沫板或废旧棉织品。副盖上加覆布、草帘或毛毡，加强保温（图5-17）。

图5-17　东北地区越冬蜂群的包装（薛运波摄）

联排包装的蜂群（主要是意蜂），可用麦秸、干草等疏松物垫在箱底，厚10厘米。当气温低于－10℃时，用干草或麦秸做成4～5厘米厚的草帘，盖在箱盖及围在联排蜂箱的后面及两侧（图5-18）。当气温较高时，有蜂外飞，说明巢内过热，可暂时撤除蜂箱外部的覆盖物，开大巢门，加强通风散热。从包装后到蜂群早春繁殖前，蜂箱巢门前要放遮挡物，避免阳光照射刺激蜜蜂飞出巢外冻死。

单群露地越冬

室外集中越冬包装

图5-18　蜂群越冬外包装（薛运波摄）

在北方极寒地区，也可采取室内越冬的方式（图5-19）。

（2）越冬期的日常管理

①尽量少开箱，多做箱外观察　越冬期间，应尽量减少检查次数，让蜂

图5-19 蜂群室内越冬（引自李志勇）

群安静结团越冬，检查一般以箱外观察为主。越冬期间，蜂群通过采食蜂蜜，并在巢内不断以和缓、均匀的活动产生热量，保持蜂团温度。用手拍蜂箱，健康的蜂群会发出强烈而和谐的"嗡嗡"声，并很快平息；饥饿的蜂群反应较弱，发出风吹树叶般的"簌簌"声，箱底死蜂多；失王群，箱内声音混乱，巢门前有工蜂进出，如果继续观察仍然如此，则应选晴天将蜂箱搬入温暖的暗室内(使用红布包裹的灯或手电)开箱检查。失王群要及时合并或诱入储备蜂王。

②调节温度 包装后如听到蜂群的声音变大，发出"呼呼"声，飞出巢外的工蜂增多，说明箱内温度过高，要开大巢门加强通风。遇到特殊天气，可扒开蜂箱上部的保温物，扩大通风孔，以利蜂群排湿降温。当严冬到来，外界气温下降到－15℃以下时，如巢内声音变大，说明蜂群受冷，则应加厚箱外保温物，并要适当缩小巢门。

另可从蜂箱巢门内掏蜂判断情况，如发现巢门结冻，巢外死蜂已经冻僵，而箱内的蜂尸没有冻僵，说明越冬温度正常；如箱底蜂尸均已冻僵，说明温度过低，应减弱通风，缩小或关闭巢门。

③防闷 越冬前期因饲料充足，一般不用采取其他管理方式。到越冬后期，要定期用长棍掏出死蜂，以免堵塞巢门，妨碍蜂群换气。

④防缺蜜 因越冬前中期饲料消耗，蜂群在越冬后期及早春最易缺少饲料（图5-20）。

蜂群在越冬后期一般很少活动，如有个别蜜蜂不断往外飞，或巢门、巢内死蜂多，且死蜂的吻外伸、蜜囊内无蜜，则可能是蜂群缺蜜，应尽快将蜂群搬入遮光、温暖的室内开箱检查。如确实缺蜜，应用优质蜜脾（或在空脾中灌以温热的2：1的浓糖浆）换出空脾，待蜂群重新结团后再搬回原地，重新包装。

⑤防鼠害 如发现巢门前或蜂箱内有碎蜂尸，说明有鼠害，应设法毒死

传统蜂桶内因缺蜜饿死的蜜蜂　　活框饲养的蜂群因缺蜜而死亡
（头钻入巢房内的死亡工蜂是蜂
群因缺蜜死亡的特征）

图5-20　冬季和早春因缺蜜饿死的蜂群

或捕杀老鼠，修补老鼠出入的漏洞或箱门。

⑥防光照　室内或室外越冬的蜂群都应注意遮光、避光，让蜂群安静越冬。室外越冬的蜂群从包装开始到排泄飞行前，要用木板条、竹片、遮阳网、保蜂罩等虚掩巢门，防止低温晴天因遮光不好，工蜂受光线刺激而无效空飞，外出冻死造成损失。

⑦防下痢　如从巢门掏出的死蜂腹部膨大、潮湿，即可断定蜜蜂采食了不成熟蜜或其他有问题的饲料，患下痢病。如病情严重，要选择白天气温12℃左右的温暖天气，揭开保温物晒箱，促使蜜蜂飞翔排泄，并调换优良的成熟蜜脾。

⑧防渴　在冬季气候干燥的地区，蜜蜂在越冬期间采食了结晶饲料就会引起"口渴"。口渴的蜜蜂会散团，并在巢门口不安地爬动。此时，可用消毒药棉或草纸蘸水，放在巢门口测试，如蜜蜂聚拢吸水，说明蜜蜂"口渴"，此时应用巢门饲喂器喂水。对室内越冬的蜂群，可在地面洒水增湿。

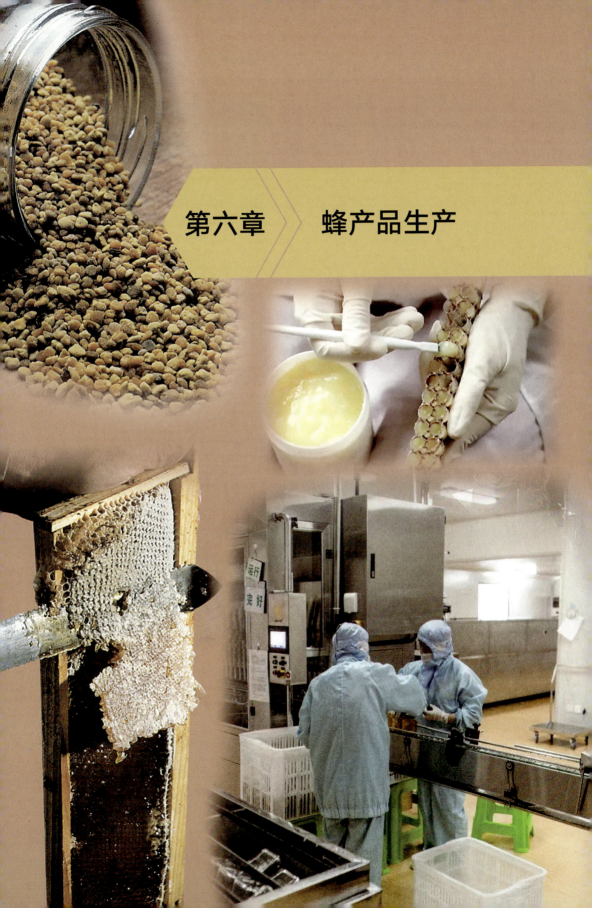

第六章 蜂产品生产

养蜂生产的产品有很多，如蜂蜜（图6-1）、蜂王浆、蜂花粉、蜂胶、蜂蜡、雄蜂蛹等，此外还包括蜂群本身（种蜂）。意蜂能生产所有的蜂产品，中蜂一般只生产蜂蜜、蜂蜡和种蜂。养蜂生产者应根据我国《食品安全法》和相关产品的国家或行业标准，依法依规进行生产。

图6-1　瓶装蜂蜜

一、蜂蜜生产

（一）蜂蜜的质量标准及定义

蜂蜜是养蜂生产最多也是最主要的蜂产品。

1.蜂蜜的生产标准　应按照《食品安全国家标准　蜂蜜》（GB14963—2011）进行生产。

2.定义　根据我国发布的《食品安全国家标准　蜂蜜》，蜂蜜的定义是由工蜂采集植物的花蜜、分泌物或蜜露，与自身分泌物结合后，在巢脾内转化、脱水、储存至成熟的天然甜味物质。

3.主要质量指标

（1）感官要求　见表6-1。

表6-1　蜂蜜的感官要求

项目	要求	检验方法
色泽	依蜜粉源品种不同，从水白色（近无色）至深色（暗褐色）	SN/T 0852—2021
滋味、气味	具有特殊的滋味、气味，无异味	
状态	常温下呈黏稠流体状，或部分及全部结晶	
杂质	不得含有蜜蜂肢体、幼虫、蜡屑及正常视力可见杂质（含蜡巢蜜除外）	在自然光下观察状态，检查其有无杂质

（2）理化指标 见表6-2。

表6-2 蜂蜜的理化指标

项 目	指标	检验方法
果糖和葡萄糖（克，按100克样品计）	≥60	
蔗糖（克，按100克样品计）		GB 5009.8—2016
桉树蜂蜜，柑橘蜂蜜，紫苜蓿蜂蜜，荔枝蜂蜜，野桂花蜜	≤10	
其他蜂蜜	≤5	
锌（毫克/千克）	≤25	GB/T 5009.14—2017

（3）卫生要求 见表6-3。

表6-3 蜂蜜的微生物限量

项 目	指标	检验方法
菌落总数（CFU/g）	≤1 000	GB 4789.2—2022
大肠菌群（MPN/g）	≤0.3	GB 4789.3—2016
霉菌数（CFU/g）	≤200	GB 4789.15—2016
嗜渗酵母数（CFU/g）	≤200	GB 4789.1—2016
沙门氏菌	每25克中的含量为0	GB 4789.4—2016
志贺氏菌	每25克中的含量为0	GB 4789.5—2012
金黄色葡萄球菌	每25克中的含量为0	GB 4789.10—2016

注：样品的分析及处理按GB 4789.1—2016执行。

蜂蜜酿造过程主要在蜂巢内转化、脱水，直至封盖成熟，不允许添加任何其他物质（包括各种饲料糖）。绝大部分种类蜂蜜（极少数品种除外）中的蔗糖含量及C_4植物（如玉米）的人工转化糖浆应≤5%，超过此标准即为不合格。

对蜂蜜安全性的要求，菌落总数、嗜渗酵母数不得超标，沙门氏菌、志贺氏菌、金黄色葡萄球菌等致病菌不得检出。重金属含量不得超标，兽药、农药残留应符合相关规定。

合格的蜂蜜不应含蜜蜂肢体、幼虫、蜡屑及其他肉眼可见的杂质，无发酵、充气、膨胀的征状。蜂蜜应有来自蜜粉源植物花的气味，不应有发酵的酸味、酒味或其他异味。

在蜂群中酿造成熟、含水量在19%以下、浓度在42波美度以上的全封盖蜜，就称为天然成熟蜜。

简单地说，符合质量标准的蜂蜜应该是原生态、零添加、无污染（包括重金属、农药和抗生素残留）、高浓度、清洁卫生、未发酵，各项理化指标符合国家标准要求的。

4.生产注意事项

（1）及时清框　为保证蜂蜜的纯净度，进入流蜜期时，应立即将脾内含有饲料糖的蜂蜜摇出。摇出的底糖可作为蜂群繁殖期的饲料。

（2）取封盖成熟蜜　成熟蜂蜜含有果糖、葡萄糖、维生素、微量元素、酶类、酚类、萜烯类、有机酸、水分等180多种成分，具有清热下火、消除炎症等特性，对调节人体代谢具有十分重要的意义。稀蜜、不成熟蜜很容易发酵，不具备成熟蜂蜜的作用（图6-2）。

巢脾中未封盖的不
成熟蜜

不成熟的蜂蜜，很容易发酵、变
酸、变质，也会失去蜂蜜原本的
风味，大大降低其营养价值，图
中瓶内的稀蜜正在发酵、产气

不需浓缩，浓度在43波美度以
上，纯天然成熟的原蜜

图6-2　成熟蜜与稀薄不成熟蜜的区别

中蜂因扇风的方式与意蜂不同，除湿能力较差，封盖不完整，一般应用两个摇蜜机采取二次摇蜜的方式取蜜。

（3）坚持绿色防控　对病虫害要采取防重于治的方针，一旦发现病情，要准确判断病因，早发现、早治疗，针对性用药，按规范治疗。生产期前60天休药，如在生产期及取蜜前60天内用过药的蜂群，其蜂蜜不得作为商品蜜出售。

（二）蜂蜜的分类

如按蜂蜜的来源划分，可分为单花种蜜、多花种蜜（也叫杂花蜜，指两种或两种以上蜜粉源植物花蜜酿造的蜂蜜，民间也叫百花蜜）、甘露蜜或蜜露蜜（蜜蜂采集植物的蜜露或昆虫吮吸植物汁液排出的甜味物质所酿造的蜜）。

按生产蜂种划分，可分为意蜂蜂蜜、黑蜂蜂蜜、中蜂蜂蜜（又叫土蜂蜂蜜）等。

按蜂蜜形态划分，可分为分离蜜、巢蜜和脾蜜（封盖完整的整块蜜脾）；割脾后用榨蜜机榨出的蜜称为压榨蜜；结晶前的蜜称为液态蜜，结晶后的蜜称为结晶蜜。

蜂蜜通常是甜味，但有的蜂蜜本身有酸味（非发酵），个别品种的蜂蜜还有涩味和苦味，有苦味的蜜称为苦蜜。

（三）分离蜜的生产

大流蜜期，蜂群中的巢脾绝大部分封盖后，即可提脾摇蜜。用摇蜜机取出分离蜜。取蜜的过程主要包括开箱查脾、提脾脱蜂、切割蜜盖、摇蜜还脾、过滤装桶（图6-3）。规模较大的蜂场取蜜时最好有2～3人分工协作。

从蜂箱中提取蜜脾

封盖蜜脾

全封盖蜜脾

带子封盖蜜脾

浅继箱封盖蜜脾

削蜡盖

用摇蜜机摇蜜，摇完一面，换面再摇　　　用木框过滤纱网滤蜜

用尼龙纱网滤蜜　　　　　　　成品桶装蜜

野外取蜜时搭帐篷摇蜜，避　　夏天夜间取蜜（活框）　　　老桶夜间取蜜
免蜜蜂扑糖

图6-3　生产分离蜜

1.取蜜场所　取西蜂蜜通常在野外帐篷内进行。取中蜂蜜应在蜂场附近门窗密闭的室内进行（防止盗蜂）；如在野外取蜜，应搭建方形帐篷，防止蜜蜂因抢蜜而溺亡。

2.取蜜时间 春季及晚秋，应在气温较高时取蜜。夏季除白天外，可在夜间取蜜。

3.取蜜过程

（1）提脾抖蜂 取蜜前应穿戴防护衣帽及戴橡胶手套防螫。蜂群凶暴，开箱后可先对其喷烟，镇服蜜蜂后往外侧拉开小隔板，再查蜂抖脾。提脾时应注意检查脾上有无蜂王，如发现蜂王，应将此脾提到蜂箱隔板的另一侧，避免抖脾时误伤蜂王。提脾抖蜂时，应置于蜂巢上方，捏住两侧框耳，猛力振腕将余蜂抖下，置运脾箱内。如果不查蜂王，可将蜜脾在原处提离半个箱身（不要提得太高），有节奏地连续轻微抖蜂，惊走蜜蜂（包括蜂王）后，再猛力振腕，抖去脾上余蜂。如仍有余蜂附脾，可用蜂刷刷净，再装入运脾箱。浅继箱及继箱上的巢脾因无蜂王，可直接抖掉脾上的附蜂。规模大的蜂场也可用吹风机脱蜂，提高脱蜂效率。把将要取蜜的巢脾置于隔板外侧，用吹风机从上面来回吹风，脱掉脾上绝大部分蜜蜂，然后再用蜂刷扫去脾上余蜂，置运脾箱中运到摇蜜地点摇蜜。中蜂取蜜时最好原脾还给原群，故提脾时应在上框梁做好记号。

（2）割盖摇蜜 将运脾箱中的巢脾取出，置于容器（如清洁的不锈钢盆、塑料桶等）上方的井字形木架上，然后用割蜜刀紧贴巢脾的上框梁，由下至上拉锯式地割开巢脾两面的蜜盖，置摇蜜机的框笼内。每个框笼装一张巢脾，然后轻启摇把，由慢到快，再由快到慢，将脾内蜂蜜甩出。摇完一面，提脾换面置框笼中，再摇另一面。有自动换面装置的摇蜜机可手拨框笼换面。取完蜜后的巢脾置于运脾箱中运还给蜂群。还脾给蜂群时，仍然要保持巢内原来的结构，子脾在中间，蜜粉脾在两边，按布脾的原则布置好群内的巢脾。

割脾时注意不要损伤子脾，带幼虫的巢脾摇蜜时不能用力过猛，以免甩出幼虫。

（3）滤蜜装桶 将摇出的蜂蜜倒入装有滤网（80目不锈钢或塑料纱网）、清洁的贮蜜桶内，过滤蜡渣、幼虫后盖好桶盖，置阴凉处贮存。

（四）传统养蜂分离蜜的生产

传统饲养的中蜂，割蜜通常是在大流蜜期过后，采用割脾榨蜜的方法取蜜。取蜜多少应视蜂群大小和贮蜜情况而定，注意给蜂群留足饲料，尽量保留子脾。割下的部分应该是脾色较深、酿造时间较长的蜜脾（含水量低），剔除粉脾和子脾，以保证蜂蜜的质量。榨蜜时应摒弃手工挤蜜的方式，改用机械榨蜜的方法，保证蜂蜜清洁卫生（图6-4）。

割取野外放养的中蜂蜜脾

割脾后集中装桶，运回室内榨蜜

电动榨蜜机榨蜜

食品级不锈钢高速离心机

图6-4　割蜜及榨蜜

（五）提高蜂蜜产量的主要技术措施

强群是蜂蜜高产的重要条件，一个强大的采蜜群，其群势强，蜂数密集，有大量适龄采集蜂，采蜜效率高，进蜜快，蜂蜜成熟期短，自身耗蜜量少。意蜂理想的采蜜群群势为12～16框，多箱体养蜂为16～25框。中蜂在流蜜期开始时，采蜜群群势为5～8框（温热地区5框，其余地区7～8框）。为达此目的，应采取以下措施：

（1）使用不超过1年龄的新王，及时淘汰老劣蜂王和抗病力差的蜂王。

（2）根据不同的起步群势，在大流蜜前提前45～60天奖励饲喂，培育强群，繁殖大量适龄采集蜂，使适龄采集蜂最多的时期与大流蜜高峰期相吻合。

（3）大流蜜前将弱群合并成中等以上的群势采蜜；或繁殖期采用双王繁

殖，大流蜜期开始后双王群可扣一王，变成单王群采蜜。西蜂加继箱后，巢、继箱布脾采取上多下少的方式，巢箱仅留2～3张巢脾给蜂王产卵，以集中力量突击采蜜，提高采蜜量。

（4）大流蜜期预防和控制分蜂热。

（5）采用产蜜量高的蜂种，利用杂种优势。养蜂场可从有资质的育种场引进高产蜂王作为母本，或者用黄色蜂种（意蜂）和黑色蜂种（如卡蜂、东北黑蜂）轮回杂交，提高产蜜量。中蜂应尽量选用本场内产蜜量高、工蜂体色一致、群势大、抗病力强的蜂群（3～5群）作父母群，并每隔2～3年自20千米外的蜂场交换蜂种，防止因近亲交配，蜂群的抗病力和生产性能减退。

（六）巢蜜的生产

1. 巢蜜的定义及其质量标准

（1）定义 巢蜜是蜜蜂将蜂蜜直接酿贮在新脾内，不用分离，连脾带蜜一起出售和食用的封盖蜜。由于巢蜜未经人为加工，自然成熟，不易掺假和污染，并能保持原蜜的芳香味，所以在市场上受到一部分消费者的青睐，其价格往往高于分离蜜。

国家标准《巢蜜》（GB/T 33045—2016）中对巢蜜的定义，是指在封盖的蜜脾内贮存的蜂蜜，由蜂巢和蜂蜜两部分组成。由于巢蜜中含有蜂巢，所以巢蜜中涉及的蜂蜡应该是天然蜂蜡，如使用巢础，则巢础中不应含有石蜡的成分。

（2）质量标准 对巢蜜的感官要求是巢蜜表面有蜡盖密封且封盖完全、平整，巢房内蜂蜜呈黏稠流体状，或部分及全部结晶；无发酵鼓泡，无肉眼可见的杂质。中蜂巢蜜封盖表面颜色为浅黄色，比意蜂巢蜜颜色浅；意蜂巢蜜表面呈浅褐色。

巢蜜有独特花香味，回味绵长，有些蜜有辣喉感。无不正常的酸味、酒味等发酵气味。

巢蜜的理化指标包括蜜和蜡两部分：蜂蜜中水分≤20%，即要求蜂蜜≥41.6波美度，果糖和葡萄糖含量在65%以上，蔗糖含量≤5%。羟甲基糠醛≤20毫克/千克，淀粉酶活性≥6毫升/（克·小时），蜜蜡比≥6。蜂巢（含蜡盖）中的蜂蜡，应符合《食品安全国家标准 食品添加剂 蜂蜡》（GB 1886.87—2015）中的规定。安全卫生要求应符合国家相关法规和标准的规定，重金属、农药、抗生素残留应不超标。

包装材料应符合食品安全要求，内包装材料应具有气密性和防潮性，不易破损、无泄漏。

2. 巢蜜的种类和生产条件 巢蜜一般可分为大块巢蜜（脾蜜）、格子巢

蜜、盒式巢蜜、切块巢蜜、瓶装巢蜜5种。

（1）蜂群群势　合格的巢蜜封盖完全、表面平整、脾中无花粉和封盖子，因此需要强大的蜂群。一般要求群势中蜂在7～8框以上，西蜂为10～14框（继箱群），且蜂多于脾。如群势不强，蜂量不足，可从其他蜂群中抽带蜂的出房子脾补强蜂群，使生产群内蜂数密集，以便突击采蜜、贮蜜。

（2）蜜粉源条件　生产巢蜜需要蜂蜜品质较好、花期长（20天以上）、流蜜量大的蜜粉源来支撑，如洋槐、荆条、栾树、楝叶吴萸、刺楸、椴树、葵花、荔枝、龙眼、盐肤木等。在生产过程中，绝对不允许给蜂群饲喂蔗糖或其他糖类来提高封盖率。

（3）生产季节　巢蜜应尽量选择在气温高、空气湿度小的季节生产，否则，即使完全封盖，浓度也难以超过41.6波美度。

（4）严格控制蜂路　生产巢蜜的技术关键在于将蜂路严格控制在8毫米，这样上蜜快，易封盖；封盖平整、不鼓肚，利于包装，脾面不易压塌破损以致溢蜜。如果用巢框生产脾蜜或格子巢蜜，除严格控制脾距外，还要尽量选择夹在脾面整齐的巢脾之间造脾贮蜜。

3.巢蜜的生产

（1）格子巢蜜的生产　格子巢蜜是指把巢础放在固定形状的框格或容器中，由工蜂制造巢脾生产的小块巢蜜，其外观漂亮，易于保存、运输，便于销售（图6-5）。生产格子巢蜜的工具是巢蜜格，其材质主要有木质和塑料两种。其中塑料巢蜜格（食品级）又包括长方形、六角形和圆形等形状，规格有120克、160克、250克、300克、500克等多种。

在巢框上安装巢蜜格　　格子巢蜜封盖成熟后，　　　从巢蜜格取下的巢蜜
　　　　　　　　　　　从蜂群中取出巢蜜框

图6-5　生产巢蜜

①巢蜜格的安装　生产巢蜜时，可将巢蜜格安放在巢框内，然后放在蜂群中造脾贮蜜。

以250克、500克巢蜜格为例，每个郎氏箱的巢框可以安放6个500克的巢蜜格，或12个250克的巢蜜格（背靠背安装）。500克的巢蜜格要在中部镶装纯蜂蜡巢础，粘接时也要使用纯蜡。250克的巢蜜格因不用巢础，则应用毛刷在格子底部刷一层薄的熔化纯蜂蜡，以加速蜂群造脾。

巢蜜框可以装整框，也可以只装上半框（图6-6）。装半框时用一块厚5毫米、宽25毫米的木条将巢框上下分成两部分，上部巢蜜格贮蜜；下部既可以加巢础，也可以让蜂群造自然巢脾，产卵育子。

500克双面巢蜜格。左上：塑料巢蜜格；右上：中间已加巢础的木质巢蜜格；下：塑料外盒

郎氏箱半框巢蜜框（上部为3个巢蜜格）

沿巢框直接摆放的巢蜜格

图6-6 安装巢蜜格

②巢蜜格（框）的放置 巢蜜格（框）的放置有以下3种方式：

A.平箱群安放巢蜜框：蜂群有向上和向边脾贮蜜的习性，平箱群安放巢蜜框，可将安好巢蜜格的整框巢蜜框放在蜂群边脾的位置，半框的巢蜜格子框则加在巢框上半部，用一薄木条相隔。上部生产巢蜜，下部让蜂群造脾育子。

B.继箱群安放巢蜜框：蜂群加继箱或浅继箱后，可将巢蜜框放在继箱或浅继箱中。继箱巢蜜框可先放在巢箱边二脾的位置让蜂群清扫，开始造脾后及时提到继箱上，以免蜂群贮粉或蜂王产卵。浅继箱则可直接安放浅巢蜜框。浅继箱上因蜂王不产卵、不贮粉，所以上蜜快、封盖好，比较适合中蜂生产巢蜜。

C.直接在浅继箱中安放巢蜜格：选择符合生产巢蜜群势的蜂群（中蜂5～8框足蜂），将巢蜜格用胶带每3个（500克）或6个（250克）联结成一排，直接放在底箱巢框的上框梁上，然后在底箱上套浅继箱，但巢蜜格的外侧要放小隔板。

安放巢蜜格的数量应根据群势来确定，强群可放10～12个（250克）巢

蜜格。若蜂群在巢蜜框两面造脾、贮蜜不均匀，应将巢蜜框前后掉转，促使蜜蜂均匀地造脾贮蜜。如流蜜结束尚未封盖，则用同一花期的分离蜜饲喂，或割开封盖蜜脾，让蜂搬运，促进巢蜜尽快封盖。

生产巢蜜的蜂群由于蜂多脾少，蜜足，容易产生分蜂热，所以要开大巢门，加强通风；经常检查巢箱，摘除自然王台；给蜂王剪翅；或者对发生分蜂热的蜂群扣老王，利用自然王台，用处女王群采蜜，将老蜂王换成新产卵王，以消除和控制分蜂热。

③巢蜜的采收与贮存

A.采收：巢蜜格贮满蜂蜜并已全部封盖后，应及时取出。巢蜜格封盖时间前后不一，应分期、分批采收。采收时，用蜂刷轻轻刷去蜜脾上附着的蜜蜂，动作要轻，切勿损坏蜡盖。

B.修整：巢蜜采收后，用不锈钢薄刀逐个把巢蜜格边缘和四角的蜡瘤削除。

C.热屋除湿：当巢蜜浓度未达42波美度以上时，为了防止巢蜜发酵，要进一步除去巢蜜中的部分水分。方法是在密闭不通气、30米^{2}左右、干净清洁的房间内，安装除湿机、电加热器；将巢蜜继箱或浅继箱放在木制底架上，作"十"字形交叉叠放，或上下箱体错开，使箱体四周和箱内的空气都能流通；启动加热器和除湿机，使室内温度保持在32～35℃，空气湿度降低到40%以下；当巢蜜的含水量降到18%以下时，关闭加热器、除湿机。

D.包装：按巢蜜的外表平整度、封盖完整程度、颜色均匀度、重量等标准分级，剔除不合格产品。将合格的巢蜜装入无色透明的食品级塑料盒内，用透明胶带密封。

E.装箱贮存：将处理过的巢蜜格放入专用食品转运箱内，并标明生产者的名称与生产日期；然后贮存在阴凉干燥处待售。

（2）用木质巢蜜盒生产巢蜜　当外界有长期、充足的蜜粉源时，将方形小巢蜜盒直接安放在强群巢箱的上框梁上，然后套好继箱。一层继箱可放6个巢蜜盒，强群可放2层共12个巢蜜盒，然后让蜂群造自然巢脾，在巢脾中贮蜜。取蜜时用钢丝分别沿巢蜜格的上下缘与其他部位分离，让蜂群自行清理干净，包装后即为成品巢蜜（图6-7）。

（3）瓶装巢蜜的生产　方法是在气温适合的大流蜜期，将纯蜂蜡巢础加入蜂群内造脾，新脾造好后，按巢蜜瓶瓶口和瓶深切成大小合适的巢脾块。为了便于切块，巢框上的铁丝间距要调整到48～48.5毫米（略大于瓶口）。切下的巢脾块安放于巢蜜瓶的中部并用纯蜂蜡焊接固定，然后放浅继箱，将巢蜜瓶倒扣于巢箱的巢框上梁，让蜂群继续造脾、贮蜜。12小时后检查清除畸形巢脾块，防止出次品。7～8天后，检查巢蜜酿造情况。待全封盖后适时取出成品，瓶口朝上，让蜜蜂清除瓶口蜂蜜，然后驱除成品巢蜜瓶内的蜜蜂，并清除瓶体赘蜡，将巢蜜瓶加盖即得瓶装巢蜜（图6-8），放入冷柜中降温贮存待售。

吉林省长白山区继箱上的双层木　　　用钢丝将巢蜜盒与巢箱中的　　　优质巢蜜（巢蜜掰开后会牵丝）
制巢蜜盒（杨明福摄）　　　　　　巢框分离（李菊珍摄）

图6-7　木质巢蜜盒生产巢蜜

在蜂箱中摆放的巢蜜瓶　　　　巢蜜瓶中生产的巢蜜　　　　瓶装巢蜜成品
（薛运波摄）　　　　　　　（引自廖仁芳等）　　　　（引自廖仁芳等）

图6-8　瓶装巢蜜

二、蜂王浆生产

蜂王浆是养蜂生产的重要产品，我国蜂王浆的产量约占世界总产量的90%，是重要的换汇出口商品。在西蜂养殖中，采蜜蜂场可以在某段时间内生产蜂王浆，但大多数蜂王浆是由专业蜂场的浆蜂生产的（图6-9）。

蜂王浆的生产原理和过程与人工移虫育王相同，当人工移虫后68～72小

119

时、王台中王浆最丰富时，将蜂王幼虫夹出，然后将王台中的王浆刮出，即成为蜂王浆。蜂王幼虫如及时冷冻保鲜，也有很高的药用和保健价值，可加工成多种保健产品（如王胎酒、王胎片等）。

图6-9　王浆高产蜂群

蜂王浆生产依靠人工移虫挖浆，耗时多、效率低。但经过我国养蜂科技工作者、生产者的努力，现在已有割台机、钳虫机、取浆机、移虫机等代替人工移虫、取浆的工作，较人工产浆可提高效率15～25倍，机械化生产将是今后王浆生产的发展方向。

（一）蜂王浆生产技术规范

1.蜂王浆的生产标准　应按照《蜂王浆生产技术规范》（GB/T 35868—2018）进行生产。

2.定义　蜂王浆生产是利用工蜂哺育蜂王幼虫的生物学特性，诱导哺育蜂分泌蜂王浆，并获取蜂王浆的过程。

（二）蜂王浆的生产

1.生产蜂王浆的工具　生产蜂王浆的工具与人工移虫育王的工具相似，常用工具包括移虫针、塑料台基或王台条（有单条或双条并列的，1条有25～35个王台）、产浆框、镊子、浆刮、割台刀、清台器、容器（0.5～1千克容量的王浆瓶、5千克容量的王浆壶）、清洁毛巾等（图6-10）。为了保证蜂王浆的新鲜度，还应配备冰柜，以冻存新鲜的蜂王浆。

2.产浆群的培育和组织　强群是蜂王浆生产的基本条件之一，王浆生产群是要求群势在10～14框的双王继箱群，巢箱育子，继箱取浆。产浆前应采取强群越冬，开春后采用加强保温、奖励饲喂、适时加脾和防治病虫等措施，加速群势恢复和发展，使蜂群尽快达到蜂王浆生产的要求。在开始移虫前几天组织产浆群，用平面隔王板将继箱和巢箱分隔为继箱产浆区和巢箱育子区。巢箱和继箱的巢脾数量大致相等或呈上少下多排列，且排放在蜂箱内的同一侧。产浆区中间放2张幼虫脾，用以吸引哺育蜂在产浆区中心集中，两侧分别放置大幼虫脾、蜜粉脾等，产浆时将产浆框放在2张幼虫脾中间。育子区应保留空脾、正在羽化出房的封盖子脾等有空巢房的巢脾，为蜂王提供充足的产卵位置。育子区的大小应根据蜂群的发展需要确定，若需促进蜂群的发展，则应留

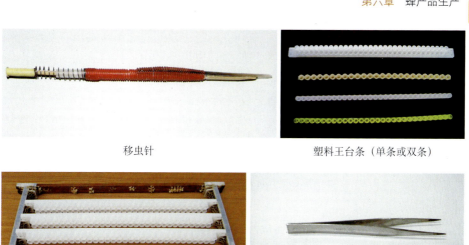

移虫针　　　　　　　　　塑料王台条（单条或双条）

产浆框　　　　　　　　　　镊子

浆刮（取浆舌）　　　　　　割台刀

清台器　　　　　　　王浆瓶　　　　　王浆壶

图6-10　生产蜂王浆的常用工具

大育子区，调入空脾；如果群势较强，可以将产浆框直接放入继箱巢脾中间，不需要从巢箱中提幼虫脾到继箱上吸引哺育蜂。

在蜂脾管理上，可采取调脾和不调脾两种方式。继箱上有幼虫脾的蜂群，待其封盖后要与巢箱下的幼虫脾对调。如果采取高密度，蜂多于脾的形式产浆，如下7框上6框的13框蜂，从继箱中抽去3框巢脾，全群压缩成10框蜂取浆，则无须调整巢脾。

3.**组织供虫群，准备适龄小幼虫**　生产蜂王浆需将适龄小幼虫移在塑料台基内，诱使工蜂吐浆饲喂幼虫。专门培养移虫用小幼虫的蜂群称为供虫群。供虫群可用双王群或多王群组成。

（1）双王供虫群　用立式隔王板将蜂箱隔为两区，其中一区正常育子；另一区为产浆用虫脾的专门产卵区，该区内巢脾布置均为整张子脾和整张蜜粉脾，很少留空巢房给蜂王产卵。移虫前4～5天加入一张削平巢房略低于脾面的褐色空脾，让蜂王在此脾上集中产卵。根据取浆移虫的周期，每隔3天将该虫脾提出，放入另一侧培育小幼虫，原位置再放入一张供蜂王集中产卵的空脾，循环使用。

（2）多王供虫群　扫描二维码阅读相关内容。

4.**产浆操作**　蜂王浆生产的操作过程包括产浆框制作和修台、移虫和补移、取浆等（图6-11）。

组织多王供虫群

提出浆框抖蜂

用蜂刷扫去余蜂

割去台口蜡

用镊子从王台中夹出幼虫

夹出的幼虫放于容器内，急冻后生产蜂王胎（王浆副产品）

从王台中挖取王浆，放于王浆瓶中

王浆瓶装满后立即放冰柜中冷冻保存

用清台器清理取过王浆的王台

将清理过的台基条置适龄的供虫脾上

| 从供虫脾中挑小幼虫移入王台 | 移虫完毕后将台基条装回产浆框（产浆框侧条上有卡槽），放回蜂群，让蜂群哺育，生产蜂王浆 | 收获的新鲜蜂王浆 |

图6-11　蜂王浆的生产过程（林致中　夏晨摄）

（1）产浆框制作和修台　产浆框外形尺寸与巢框相似，木条厚度为10～15毫米，框内安装4～5根固定台基的木条。目前的蜂王浆生产中，塑料台基已完全取代了蜂蜡台基。多个塑料台基单排或双排排列组成台基条，每根单排台基条有25～32个台基、双排台基条有50～64个台基。如果蜂群产浆能力弱，就使用单排台基条，产浆能力高则使用双排台基条，然后再根据蜂群群势强弱确定台基条数量（3～5根）。大流蜜期台基条多，非流蜜期可酌情减少台基条。塑料台基在使用前须经蜂群清理修整1天后才能移虫。

（2）移虫和补移　用移虫针将工蜂巢房中的小幼虫移入已清理的台基内。移虫技术与移虫接受率和蜂王浆产量密切相关。移虫要求操作准确、快速，虫龄一致。移虫需在明亮、清洁、温暖、无尘的场所进行。移虫采用坐姿操作，挑选褐色巢脾中1日龄工蜂小幼虫，将小幼虫脾放在巢脾垫盘中或清洁的隔板上，放在腿上操作。移虫时将移虫针的前端牛角片沿工蜂小幼虫的巢房壁深入巢房底部，再沿巢房壁从原路退回，小幼虫应在移虫针的舌尖部。移虫速度应快，一般情况下，要求3～5分钟移虫100个台基。

第一次移虫的台基往往接受率较低。移虫第二天检查，如果接受率不低于80%可不进行补移。接受率低于80%，需将产浆框上的蜜蜂脱除，将未接受的蜂蜡台基口扩展开，或将塑料台基中的残蜡清除干净，再移入与其他台基内同龄的工蜂小幼虫，即补移。

（3）取浆　移虫后68～72小时从蜂群中取出浆框取浆。取浆时须将接触蜂王浆的工具和容器清洗干净，并注意个人卫生和环境卫生。

取浆时，从产浆群中提出产浆框。手提产浆框侧条下端，使台口斜向上，轻轻抖落蜜蜂，再用蜂刷扫除产浆框上剩余的蜜蜂。产浆框脱蜂时不宜用力抖动，以免台基中的幼虫移位，蜂王浆散开，不便操作。产浆框取出后尽快将台基中的幼虫取出，以减少幼虫在王台中继续消耗蜂王浆。将产浆框竖立，用锋利的割台刀将台口加高的部分割下。割台时应小心，避免割破幼虫流出体液，影响蜂王浆的质量。

割台后，放平产浆框，将台基条的台口向上，用镊子将幼虫按顺序从台中取出，避免遗漏。然后用取浆笔挖取蜂王浆。力争将台基内的蜂王浆取尽，以防残留的蜂王浆干燥后，影响下一次产浆的质量。取浆后需用清台器将台基内的赘蜡等异物清理干净，再移虫进行下一轮产浆。

对于一个120群蜂的蜂场，如果有2名劳动力，则可将蜂群分为前、中、后3个批次，每个批次40群蜂每天取其1个批次，3天一个周期。

新鲜优质的王浆呈乳白色或微黄色，有珠宝光泽和豆状粒块，无气泡，味酸涩，浆体涂在手背上质地细腻。王浆不耐热，受热或常温下存放过久会降低质量，且易腐败变质。所以蜂王浆装满容器后，要密闭瓶盖，立即贮存在冰柜或冷库内。

5. 产浆群的管理　产浆群管理的重点是保持蜜粉充足，促进蜂王产卵，大量培育后继的哺育蜂，保持强群和蜂脾相称。

（1）保持蜜粉充足　生产蜂王浆必须保证产浆群内蜜粉充足。定地饲养的蜂群应结合小转地，选择蜜粉源丰富的场地放蜂。产浆群内应至少保持1～2张大蜜粉脾，在外界蜜粉源不足时，应连续奖励饲喂，刺激哺育蜂积极吐浆，缺粉期要补饲花粉。奖饲的频率、强度应根据外界蜜粉源情况和群势而定。

（2）维持产浆群群势，保持蜂数高度密集　为保持较高的单框产浆量，通常在非大流蜜期维持10～14框的群势，6～7张子脾，并使蜂多于脾，隔板外侧、副盖内侧均有工蜂休闲栖息。比如一群13框的蜂群，巢箱下6框双王产卵，上7框紧成4框，上下共10框，使蜂数高度密集。产浆群密集群势，有助于产浆框上哺育蜂相对集中。同时，密集的蜂群产生轻微的分蜂热有利于促进蜂群泌浆育王、提高移虫的接受率和蜂王浆的单台产量。产浆群应根据外界气温条件，保持蜂多于脾或蜂脾相称。如蜂量不足，要及时将继箱中的已出房的封盖子脾或另加空脾让蜂王产卵，加强繁殖。也可从其他繁殖群、双王群中抽调正在出房或即将出房的子脾补充。

（3）合理排列产浆框两侧的巢脾　较弱的蜂群产浆或者第一次产浆，产浆框内两侧应放小幼虫脾，以吸引哺育蜂在产浆框附近形成哺育区；外界蜜粉源丰富，产浆群强盛，产浆框两侧放任何巢脾对产浆均无影响。

（4）连续产浆　产浆期间，在产浆框附近形成了哺育区，如果中断产浆，产浆框附近的哺育蜂分散，重新移虫产浆时，再聚集适龄哺育蜂则需要一定时间。因此，蜂王浆生产不能无故中断。

（5）及时毁除分蜂王台和改造王台　在育子区中有可能出现分蜂王台，

分蜂王台封盖后容易发生自然分蜂。将有幼虫的封盖子脾从有蜂王的巢箱调整到无蜂王的继箱，也易发生改造王台。如果管理不慎，改造王台中处女王出台，通过隔王栅会进入巢箱内将产卵王杀死。无论出现上述哪种情况，对蜂王浆生产都是不利的。蜂王浆生产期间，育子区应每隔5～7天毁尽一次分蜂台，将子脾从巢箱提入继箱后6天毁尽改造王台。

6.蜂王浆的高产措施

（1）引进蜂王浆优质高产蜂种　蜂王浆的癸烯酸含量应至少在1.4%以上，因此专业王浆生产蜂场要尽量采用王浆产量高、癸烯酸含量高，以及抗病、抗螨、蜂王产卵力和采集力强、维持群势大、性格温驯的蜂种。为保持优良的生产性能，每2年应从育种场定期引种、换种，或用不同的浆蜂品系进行轮回杂交。

（2）选择合适的台基类型　塑料台基的上口直径有9.0毫米、9.4毫米、9.8毫米、11.0毫米等多种，蜂群产浆能力强时选用9.8毫米、11.0毫米等口径较大的台基，产浆能力下降时选用9.0毫米、9.4毫米等口径较小的台基。产浆能力低的蜂群用较大口径的台基，影响移虫接受率。塑料台基有三种类型，即上口大、下底小的锥形台基，上口和下底等径的直筒形台基，以及上口和下底等径、中间较粗的坛形台基。在产浆量高的季节，坛形台基产浆量最高，直筒形台基次之，锥形台基最少。在产浆量不高时，锥形台基移虫接受率最高，直筒形台基次之，坛形台基最低。

（3）延长产浆时间　延长产浆时间就需要适当提早繁殖，早产浆，晚停浆。例如，贵州南部地区12月中下旬包装春繁，可于2月下旬加继箱产浆；停浆时间为11月上中旬。我国南方产浆期可达8个月，而北方产浆期只有4个月，所以南方产浆时间优于北方。

（4）及时更换老劣蜂王　产浆蜂场应经常育王。育王时不必停浆，可在巢框下梁处（下梁应向上移动3.5厘米，固定在侧条上）粘10个左右单个塑料蜡碗育王，或用育王框育王，并用多区交尾箱培育新王。发现蜂王产卵力下降，蜂群不抗白垩病，或王浆产量低（非大流蜜期王台的蜡口高度低于0.7厘米）时，应及时用交尾新王更换老劣蜂王。

（5）组织双王产浆群和多王供虫群　双王群产卵整齐，幼虫脾质量好、群势强、产浆量高。多王群作为供虫群，有利于得到虫龄大小一致的优质幼虫脾，能提高移虫效率和王浆产量。

（6）注意调节产浆群的温湿度　蜂巢中产浆区的适宜温度是35℃，相对湿度为70%。巢温过高，蜜蜂离脾散热；巢温过低，蜜蜂下降到育子区护子，均会使产浆区蜂量减少，要根据情况给蜂群保温或通风散热。湿度不合适也会影响产浆量。夏季蜂箱要放在阴凉处，除注意通风外，干旱高温期还应在纱盖上放一块湿麻袋，或一块1厘米厚的湿海绵，大小比副盖小些，湿的程度以刚有水滴下为准，以便幼蜂吸水，保持箱内湿度。

三、蜂花粉生产

我国将蜂花粉作为商品生产始于20世纪70年代，现在已逐渐成为养蜂生产的主要产品。一般在粉源植物（如玉米、油菜、油茶、茶花、荷花、盐肤木、荞麦、金丝梅、小过路黄等）开花吐粉盛期开展蜂花粉生产，尤其是在蜜源不足而粉源丰富的季节，可以提高养蜂生产的效益。同时，采收蜂花粉既有利于解除粉压子脾的问题，又能在缺乏粉源的季节，把采收下来的蜂花粉返饲给蜂群（图6-12），促进蜂群增长和蜂王浆生产。

粉压子脾，整块的花粉脾   采收后干燥的蜂花粉

图6-12　花粉脾和蜂花粉

（一）蜂花粉的质量标准及定义

1.蜂花粉的生产标准　应按照《蜂花粉》（GB/T 30359—2021）进行生产。

2.定义　蜂花粉是指工蜂采集植物花粉，用唾液和花蜜混合后形成的物质。

3.主要质量指标

（1）感官要求　见表6-4。

表6-4　蜂花粉感观要求

项　　目	要　　求	
	团粒（颗粒）状蜂花粉	碎蜂花粉
色泽	呈蜂花粉各自固有的色泽，常见单一品种蜂花粉色泽	

（续）

项 目	要 求	
	团粒（颗粒）状蜂花粉	碎蜂花粉
状态	不规则的扁圆形团粒（颗粒），无明显的砂粒、细土，无正常视力可见外来杂质，无虫蛀、无霉变	能全部通过孔径0.9毫米（20目筛）的粉末，无明显的砂粒、细土，无正常视力可见外来杂质，无虫蛀、无霉变
气味	单一品种蜂花粉应具有该品种蜂花粉特有的清香气，无异味	
滋味	单一品种蜂花粉应具有该品种蜂花粉特有的滋味，无异味	

（2）理化要求 见表6-5。

表6-5 蜂花粉理化要求（以100克样品计）

项 目	指 标	
	一等品	二等品
水分（克）	≤10	
碎蜂花粉率（%）	≤3	≤5
单一品种蜂花粉率（%）	≥90	≥85
蛋白质（克）	≥15	
脂肪（克）	1.5～10.0	
总糖（以还原糖计，克）	15～50	
黄酮类化合物（以无水芦丁计，毫克）	≥400	
灰分（克）	≤5	
酸度（以pH表示）	≥4.4	

注：碎蜂花粉的碎蜂花粉率不作要求；单一品种蜂花粉率小于85%时为杂花粉。

（二）脱粉

1.脱粉器的选择 脱粉器是采收蜂花粉的工具（图6-13）。脱粉器的类型比较多，主要由脱粉板和集粉盒两部分构成。脱粉板由专业厂家生产，主要有塑料脱粉片、脱粉圈配木质框架两类。脱粉时可用清洁的白布或厚纸板铺在巢门前承接花粉，或直接采用塑料专用集粉盒。

中意蜂养殖一本通

塑料脱粉片

用铁丝绕制的脱粉圈

用脱粉圈配木质框架做成的简易巢门脱板

上部带有脱粉片的巢门板

图6-13　脱粉器

脱粉器的脱粉效果取决于脱粉板上脱粉孔的大小。在选择使用脱粉器时，脱粉板的孔径应根据蜂体的大小、脱粉板的材质，以及加工制造方法决定。选择脱粉器的原则是既不能损伤蜜蜂，使蜜蜂进出巢箱比较自如，又要保证脱粉效果达75%以上。脱粉孔的孔径，西方蜜蜂为4.5～5.0毫米，以4.7毫米最合适；中蜂为4.2～4.5毫米。

2.脱粉器的安装和蜂花粉采收　多数植物是在早晨和上午扬粉。雨后初晴或阴天湿润的天气蜜蜂采粉较多；干燥的晴天不利于蜂体黏附花粉粒，影响蜜蜂采集花粉。当蜂群大量采集蜂花粉时，将蜂箱前的巢门板取下，选择在蜜蜂采粉较多的时段，在巢门前安装脱粉器进行蜂花粉生产。

脱粉器的安装应严密，保证所有进出巢的蜜蜂都必须通过脱粉孔。安装脱粉器的初期，采集归巢的工蜂进巢受到脱粉器的阻碍，如果相邻的蜂群未安装脱粉器，就会出现采集蜂向附近的蜂群偏集，给蜂群管理上造成麻烦。因此，在生产蜂花粉时，应该全场蜂群同时安装脱粉器，至少保证同一排的蜂群同时脱粉。

脱粉器放置时间的长短可根据蜂巢内花粉贮存量、蜂群的日进花粉量决定。一般情况下，每天脱粉时间1～3小时，不会影响蜂群正常发展。蜂群采集的花粉数量多、巢内贮粉充足时，可适当延长脱粉器放置时间（图6-14）。

3.蜂花粉的干燥和保存　新采收的蜂花粉含水量很高，一般为20%～30%，应及时进行干燥处理，否则很容易发霉变质。单一商品花粉的质量标准：本品种花粉应占95%以上，含水量应在8%以下，花粉颜色基本一致，无杂质，颗粒完整饱满、干燥。符合质量标准的花粉落在纸上时会沙沙作响。

（1）日晒干燥　将采收的蜂花粉薄薄地摊放在翻转的蜂箱大盖中，或摊放在清洁的竹席、木板、簸箕等平面物体上，置阳光下晾晒（图6-15）。日晒干燥的不足之处是蜂花粉的营养成分破坏较多，且易受杂菌、扬尘污染，因此

128

在晾晒的蜂花粉上应覆盖1～2层清洁的纱布。此外，日晒干燥还易受天气的制约。这种干燥方法操作简单，无须特殊设备，处理花粉的量大，为大多数蜂场所采纳，尤其是转地蜂场。

在巢门前安装脱粉器　　　　　塑料集粉盘内收集的新鲜花粉团

图6-14　用脱粉器采收蜂花粉

（2）干燥箱烘干　通常采用轻便的多功能或远红外恒温干燥箱（图6-16）。将干燥箱的箱内温度调至43～46℃，将新鲜的蜂花粉放入干燥箱中处理6～10小时。用远红外恒温干燥箱烘干蜂花粉具有省工、省力、干燥快、效果好等优点。

图6-15　养蜂员将新鲜花粉团　　　　图6-16　干燥箱
　　　　倒在簸箕中晾晒

129

4.花粉的筛选和保存 干燥后的花粉应过筛去除粉末（可用作蜂饲料）和杂质，装入清洁的食品级塑料桶内并封盖；或倒入塑料薄膜袋内，扎紧袋口，外面再套上装过白糖的编织袋防潮保存。

脱粉后用于本场蜂饲料的花粉或过筛后的花粉末，可用广口塑料瓶保存，先装一层花粉，然后撒一层白糖，这样一层层装填。缺粉期喂粉时将花粉、糖取出，搅拌均匀后加适量水调制成饲料花粉，补喂给蜂群。

四、蜂胶生产

蜂胶是工蜂从某些植物的幼芽、树皮上采集的树胶或树脂，混入工蜂上颚腺的分泌物等携带归巢的胶状物质（图6-17）。从事采胶的蜜蜂多为较老的工蜂。在胶源丰富的地区，大流蜜期后利用蜂群内的老工蜂生产蜂胶，可以充分利用蜂群的生产力创造价值。

图6-17 采胶回巢的工蜂（引自苏松坤）

（一）蜂胶的质量标准及定义

1.蜂胶的生产标准 应按照《蜂胶》（GB/T 24283—2018）进行生产。

2.定义 蜂胶是指工蜂采集胶源植物树脂等分泌物与其上颚腺、蜡腺等分泌物混合形成的胶黏性物质。

3.主要质量指标

（1）感官要求 见表6-6。

表6-6 蜂胶的感观要求

项 目	特 征
色泽	棕黄色、棕红色、褐色、黄褐色、灰褐色、青绿色、灰黑色等
状态	团块或碎渣状，不透明，30℃以上随温度升高逐渐变软，且有黏性
气味	有蜂胶特有的芳香气味，燃烧时有树脂乳香气，无异味
滋味	微苦、略涩，有微麻感和辛辣感

（2）理化要求　见表6-7。

表6-7　蜂胶的理化要求（以100克样品计）

项　　目	蜂　胶		蜂胶乙醇提取物	
	一级品	二级品	一级品	二级品
乙醇提取物含量（克）	≥60.0	≥30.0	≥98.0	≥95.0
总黄酮含量（克）	≥15.0	≥6.0	≥20.0	≥17.0
氧化时间（秒）		≤22		

（3）真实性要求　蜂胶应不加入任何树脂和其他矿物、生物物质或其提取物。非蜜蜂采集、人工加工而成的任何树脂胶状物不应称为"蜂胶"。

（二）蜂种的选择

不同品种的蜜蜂采胶能力不同，高加索蜂采胶能力最强，意大利蜂和欧洲黑蜂次之，卡尼鄂拉蜂和东北黑蜂最差。杂交蜂中，含有高加索蜂血统的蜂群，通常也能表现出较强的采胶能力。中蜂不采集和使用蜂胶。

蜂胶的颜色与胶源种类有关，多为黄褐色、棕褐色、灰褐色，有时带有青绿色，少数蜂胶色泽近黑色。在缺乏胶源的地区，蜜蜂常采集如染料、沥青、矿物油等作为胶源的替代物。采收蜂胶时，如发现色泽特殊的蜂胶应分别贮存，经仔细化验、鉴别后再使用。

（三）蜂胶的生产方法

蜜蜂采集树胶主要用于加固巢脾和填补蜂巢缝隙。蜂群集胶的特点是蜂巢上方集胶最多，其次为框梁、箱壁、隔板、巢门等位置；蜜蜂积极用蜂胶填补蜂巢缝隙的宽度为1.0～3.0毫米。这些特性为设计集胶器提供了科学依据。

蜂胶生产方法主要有3种：结合蜂群管理刮取蜂胶；利用覆布、尼龙纱和双层纱盖等收取蜂胶；利用集胶器收取蜂胶（图6-18）。

1.结合蜂群管理产胶　这是最简单、最原始的产胶方法，指直接从蜂箱中的覆布、巢框上梁、副盖等蜂胶聚积较多的地方刮取蜂胶。在开箱检查管理蜂群时，开启副盖，提出巢脾，随手刮取蜂胶。这种方法收集的蜂胶质量较差，必须及时去除赘脾、蜂尸、蜡瘤、木屑等杂物。也可以将有较多蜂胶的隔王栅、铁纱副盖等，在气温下降、蜂胶变硬变脆时，放在干净的布上，用小锤或

起刮刀等轻轻地将蜂胶敲落。

从副盖框上刮取蜂胶　　　　　从副盖尼龙纱网上刮取蜂胶　　　　　从隔王板上刮取蜂胶

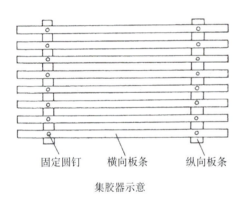

固定圆钉　　横向板条　　纵向板条

集胶器示意

蜂胶团

图6-18　蜂胶的生产

2.利用覆布、尼龙纱、双层纱盖等产胶　用较厚的白布、麻布、帆布等作为集胶覆布，盖在副盖或隔王栅下方的巢脾上梁，并在框梁上横放两三根细木条或小树枝，使覆布与框梁之间保持2～3毫米的缝隙，供蜜蜂在覆布和框梁之间填充蜂胶。取胶时将覆布上的蜂胶在阳光下晒软后，用起刮刀刮取蜂胶，也可以将覆布放入冰箱待蜂胶变硬变脆时轻轻敲落。取胶后覆布放回蜂箱原位继续集胶。覆布放回蜂箱时，应注意将沾有蜂胶的一面朝下，保持蜂胶只在覆布的一面。放在隔王栅下方的覆布不能将隔王栅全部遮住，应留100毫米的通道，以便蜜蜂在巢箱和继箱间通行。炎热夏季可用尼龙纱代替覆布集胶。当尼龙纱集满蜂胶后，放入冰箱等低温环境中，待蜂胶变硬变脆后，将尼龙纱卷成卷，然后用木棒敲打，蜂胶即呈块状脱落，进一步揉搓尼龙纱卷即可取尽蜂胶。

双层纱盖产胶是利用蜜蜂常在铁纱副盖上聚积蜂胶的特点，用钉子将铁纱副盖无铁纱的一面钉上尼龙纱，形成双层纱盖；将钉有尼龙纱的一面朝向箱内，使蜜蜂在尼龙纱上集胶。

3.集胶器产胶 集胶器有塑料和木制的两种。中国农业科学院采用吸水良好的杉木制成可调式格栅集胶器，其结构为：8根横向木条，宽20毫米，厚5毫米；2根纵向木条，宽25毫米，厚5毫米。横向木条之间的距离为10毫米，可随意调整距离，纵向与横向木条交接处用圆钉固定。当要调节横向木条之间的距离时，使集胶器的一角着地，然后下压对角，这样集胶器就会成为平行四边形，每一个圆钉都是轴。横向木条之间的距离开始为2～3毫米，随着集胶量的不断增加，木条间的距离逐渐扩大。这种集胶器一般放在框梁上，每年取一次胶。取胶时先将集胶器浸泡在水中，当木条吸足水分后，蜂胶便容易脱落，这样既提高了工作效率，又避免了刮胶时将木屑混入蜂胶。使用集胶器时，可将其代替副盖，加盖白色覆布。

（四）采集蜂胶时的注意事项

（1）采收蜂胶时应注意清洁卫生，不能随意放置。蜂胶内不可混入泥沙、蜂蜡、蜂尸、木屑等杂物。在蜂巢内各部位收取的蜂胶质量不同，应分别存放。

（2）蜂胶生产应避开蜂群的增长期，因此时蜂群泌蜡积极，易使蜂胶中的蜂蜡含量过高（蜂蜡是蜂胶中的无效成分）。采收蜂胶前，应先将赘脾、蜡瘤等清理干净，以免蜂胶中混入较多的蜂蜡。

（3）在生产蜂胶期间，应避免药物污染蜂胶。蜂胶在采收时不可用水煮或长时间日晒，防止有效成分被破坏。

（4）为减少蜂胶中芳香物质的挥发，采收后的蜂胶应及时用无毒塑料袋封装，并标明采收的时间、地点和胶源树种，存放在清洁、避光、通风、干燥、无异味、20℃以下的地方。

五、蜂蜡生产

蜂蜡即黄蜡，是制造巢础及其他工业产品的重要原料，可供出口，中蜂、意蜂都能生产蜂蜡（图6-19）。

（一）蜂蜡的质量标准及定义

1.蜂蜡的生产标准 应按照《蜂蜡》（GB/T 24314—2009）进行生产。

成品蜂蜡（引自薛运波）　　　　国外的蜂蜡制品

图6-19　蜂蜡

2.定义　蜂蜡是蜜蜂自身分泌的蜡鳞和工蜂上颚腺分泌物的混合物。

3.主要质量指标

（1）感官要求　见表6-8。

表6-8　蜂蜡的感官要求

项　　目	要　　求
颜色	乳白色、浅黄色、鲜黄色、黄色或橘红色
气味	具有蜂蜡应有的香味，无异味
表面	无光泽，波纹状隆起
断面	结构紧密，细腻均匀，颜色均一，无斜纹

（2）理化要求　见表6-9。

表6-9　蜂蜡的理化要求

项　　目	一级品	二级品
杂质含量（%）	≤0.3	≤1.0
熔点（℃）	62.0～67.0	
折光率（75℃）	1.441 0～1.443 0	

（续）

项 目	一级品	二级品
酸值（以KOH计，mg/g）	中蜂蜂蜡5.0～8.0 意蜂蜂蜡16.0～23.0	
皂化值（以KOH计，mg/g）	75.0～110.0	
酯值（以KOH计，mg/g）	中蜂蜂蜡80.0～95.0 意蜂蜂蜡70.0～80.0	中蜂蜂蜡70.0～79.0 意蜂蜂蜡60.0～69.0
碳氢化合物含量（%）	≤16.5	≤18.0

（3）真实性要求 蜂蜡不应添加或混入植物蜡、动物蜡、矿物蜡、动物油脂、脂肪酸、甘油酯、烃、脂肪醇物质。

（二）蜂蜡的来源

1.多造巢脾，旧脾化蜡 在蜜粉源丰富的季节利用有利于蜂群泌蜡造脾的时机淘汰旧脾、多造新脾，是蜂蜡生产的主要途径。淘汰的旧巢脾应妥善保管或及时熔化提炼蜂蜡，以防巢虫蛀食，这对中蜂尤其重要。

2.收集蜜盖蜡和王台台口蜡 流蜜期加宽贮蜜区的脾间蜂路，使巢脾上蜜房封盖加高突出，可以提高蜜、蜡产量。取蜜时割下的蜜房蜡盖和产浆时割下的台口蜡纯度高，收集后应分开存放，可用于制作生产巢蜜时的纯蜡巢础和育王时蘸制人工王台。

3.收集蜡瘤和赘脾 蜡瘤和赘脾是在蜜粉源丰富及蜂群生产旺盛的时期，蜜蜂在边脾的外侧、框梁上等处筑造的超出巢脾脾面的蜡质物，收集这些蜡质物，可以提炼出优质蜂蜡（图6-20）。

促蜂造脾　　　　　淘汰旧脾（旧脾化蜡）　　　生产王浆时割下来的台口蜡（林致中摄）

生产蜂蜜时收集　　　　在巢框上框梁、副盖上收集蜡瘤　　　　收集赘脾蜡
蜜盖蜡

图6-20　蜂蜡的生产

（三）提取蜂蜡的方法

1.熔蜡　将从巢框上割取的旧巢脾，用手捏成拳头大小的蜡团，分批放入有沸水的锅中，加热熔化，并不断搅拌。锅中的水保持在1/2即可，以防蜡汁外溢，引起火灾。待上批蜡团熔化后，再陆续加入蜡团，其间视情况加水，直到所有蜡团全部熔化。

2.滗蜡或榨蜡　蜡团在大锅中充分熔化后，用小火保温，然后将一块大小适中的60目不锈钢纱网放在大锅上面，用铁瓢隔着纱网舀取浮在水面的蜡液（图6-21）置另一容器中，直到舀完为止，剩下的就是蜡渣。

有条件的蜂场可自制简易热压榨蜡器（图6-22）或购买螺杆榨蜡器榨蜡（图6-23）。将熔化后的蜡液连渣分次装入麻袋、尼龙袋或铁纱袋中，扎口，趁热置榨蜡器中榨蜡，将蜡液与蜡渣分离。分离后的蜡液流入装有冷水的盛蜡器中冷却，即得到蜂蜡。

巢脾蜡因巢础中含有矿蜡，熬煮时又因为有茧衣，蜡色发深，而蜜盖蜡、台口蜡、赘脾蜡为天然蜂蜡，颜色也较浅，因此熬蜡时二者应分开处理。蜜盖蜡中因含有余蜜，可用水淘净（水可喂蜂），再与台口蜡或赘脾蜡一起放入金属锅中加热熔化，待稍冷后倒入容器中定型。

巢脾蜡粗滤后仍含有一些杂质，可以二次熔化，即通过二煎法去杂提纯。步骤是：将粗提的巢脾蜡放在金属锅中，在电磁炉上直接加热熔化，巢脾蜡熔化后调低电磁炉的温度，不断搅拌，水分较少时，停止加热，静置（静置时不可快速致冷，以利于通过沉淀让蜡液与不溶物充分分离）；待液体表面的泡沫完全消散、锅壁稍有薄蜡时，轻轻将上层纯蜡液倒入定型容器内（倒入前先擦

图6-21　蜡团熔化后表层漂浮的蜡液

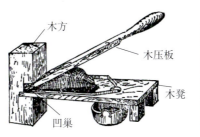

图6-22　简易热压榨蜡器示意

图6-23　螺杆榨蜡器
（引自薛运波）

湿容器内壁，以便脱蜡）。倾倒蜡液时要注意观察锅底的杂质（大部分为没过滤干净的花粉），防止锅底杂质流入定型容器内。一般采用二煎法的出蜡率可达85%。

如果提出的蜡饼底部仍有少量的蜡渣和花粉，宜将其清除，以免长虫。

六、雄蜂蛹生产

雄蜂蛹具有较高的营养价值，作为商品雄蜂蛹，要求日龄一致，蛹体外观整齐、呈乳白色或淡黄色，保持完整头部（图6-24）。生产大批日龄一致的商品雄蜂蛹，必须准备充足的优质雄蜂巢脾，并需要组织相应数量的生产群。

图6-24　雄蜂蛹（廖启圣摄）

（一）雄蜂蛹的质量标准及定义

1.雄蜂蛹的生产标准　按照《雄蜂蛹》（GB/T 30764—2014）进行生产。

2.定义　雄蜂蛹是蜂王在雄蜂房产下的未受精卵，经工蜂孵化哺育而生长发育成的蛹体。

3.主要质量指标

（1）基本要求　采集19～21日龄（自产卵之日算起）的蛹体，于−18℃以下冷冻保存。

（2）感官要求　见表6-10。

表6-10　雄蜂蛹的感观要求

项　目	要　求
状态	蛹体饱满完整，头部正面呈圆形
色泽	蛹体呈乳白色至淡黄色，有光泽，眼部为浅红色至紫红色，无褐变
气味	有雄蜂蛹特有的气味，无异味
滋味	微腥，味甘，无异味
杂质	不应有肉眼可见的杂质

（3）理化要求　见表6-11。

表6-11　雄蜂蛹的理化要求（以100克样品计）

项　目	指　标
水分（克）	≤80
蛋白质（克）	≥9
粗脂肪（克）	3～7
超氧化物歧化酶（SOD）活性（U/g）	≥1 000
灰分（克）	≤1
pH	6～7

（二）雄蜂蛹的培育

1.生产雄蜂蛹的条件和时期　生产雄蜂蛹须在外界蜜粉源充足、气温适宜、蜂群强壮时进行。例如，在湖北荆门市地区，3—4月春季油菜花期、8—9月楝叶吴萸、盐肤木、栾树花期都可生产雄蜂蛹，全年有4个月左右的生产期。春季油菜花期每脾可产雄蜂蛹0.8～1千克。7月外界缺蜜缺粉、气温高，应停产。

2.提前造雄蜂脾　蜂群经过春繁，群势恢复壮大，架继箱时可加雄蜂巢础造脾，每次加1张，每个生产群要准备3张雄蜂脾。加础造脾须在继箱中进行，巢箱造脾易造工蜂房。

3.组织生产群　生产雄蜂蛹可采用双王群，蜂种为浆蜂，巢箱每侧保持3张脾（加雄蜂脾后为4张脾），蜂群群势保持在12框以上，蜂略多于脾。有幼虫病和正在用药的蜂群不得生产雄蜂蛹。在生产中，可以将蜂场里群势稍弱的蜂群作为繁殖群（约占比10%），用于为生产群补充群势，保持高效生产。给生产群喂粉是很重要的生产环节，生产雄蜂蛹必须保证蜂群蜜粉源充足，当外界缺粉时，要及时人工补喂。

4.掌握生产周期　每7天加1张雄蜂脾，在加第二张脾时，将前一张雄蜂脾提到继箱，让蜂群哺育，同时再补入1张雄蜂脾。在加第一张脾后的第20天，收割雄蜂蛹。如此连续生产，1个月可生产4个批次。

5.做好消毒工作　生产雄蜂蛹易导致蜂群发生白垩病，为避免发病，应做好雄蜂脾的消毒工作。推荐选用二氯异氰尿酸钠，按说明书配制消毒液，将雄蜂脾浸泡消毒后，抖干水分即可。加脾前，对雄蜂脾喷少许稀蜜水，可以促进工蜂清理和蜂王产卵。

（三）雄蜂蛹的采收

采收雄蜂蛹时可采取以下两种方法。方法一：将封盖的雄蜂蛹脾置冰柜或冷库中冷冻2小时，然后割盖取子。割盖时将子脾平放在一个空巢框上，双手同时握住空巢框和雄蜂蛹脾两边的侧条，轻轻地敲击工作台，使上面一侧巢房中的雄蜂蛹下降到巢房底部，使雄蜂蛹的头部与巢房盖之间保留3~4毫米的距离，再用锋利的割蜜刀小心地割开房盖。割开房盖后，提起雄蜂蛹脾，用蜂刷扫除脾面上残余的巢房蜡渣、蜡屑等杂物。翻转巢脾，使割开房盖的一面朝下，用木棒轻击雄蜂蛹脾的上框梁，使巢房中的雄蜂蛹震落到不锈钢托盘或清洁的工作台上（图6-25）。如果仍有少量的雄蜂蛹未震落，就将雄蜂蛹脾放在空巢框上，再次一同敲击工作台，最后用镊子取出个别仍卡在巢房中的雄蜂蛹。割取完一面，再割取另一面。方法二：将雄蜂蛹脾放在冰柜或冷库中冷冻24小时，然后将冻透的蛹脾放在清洁卫生的摊放架或工作台上，用起刮刀或自制铲刀沿巢脾中部（巢础）分别将两面的巢房和雄蜂蛹一起刮下，然后用电风扇吹风，将巢房、蜡屑与雄蜂蛹分离。在采收雄蜂蛹的过程中，应保持蛹体完整。雄蜂蛹取出后，及时剔除日龄不一致或破损的雄蜂蛹。

将造好的雄蜂脾在19.5 ~ 20天
从蜂箱中取出

将雄蜂蛹脾放在冰柜中速冻2小时后，割去封盖　　　　　　　倒出雄蜂蛹

将倒出的雄蜂蛹用封口袋装好后放入冰柜中速冻　　生产雄蜂蛹的蜂群同时下王浆架生
　　　　　　　　　　　　　　　　　　　　　　　　产蜂王浆

图6-25　采收雄蜂蛹（廖启圣摄）

（四）雄蜂蛹的分装和贮存

雄蜂蛹体内含有较多的酪氨酸和酪氨酸酶。在空气中，雄蜂蛹体内的酪氨酸酶极易使酪氨酸产生褐变反应，且与热、光或金属接触等都会加速这种反应。在常温下，雄蜂蛹从巢脾取出后1小时开始变黑，营养丰富的雄蜂蛹极易腐败变质。在气温高于20℃的环境中，取出的雄蜂蛹还可能继续发育老化。所以，取出的雄蜂蛹经清理后应及时分装、冻存，防止雄蜂蛹长时间暴露在空气中变黑。

当雄蜂蛹取出并处理干净后，迅速用食品级塑料袋按500克或1 000克分装，挤出空气后封口，贴上标签，标签上标明生产地址、生产日期、生产者姓名、重量等。然后将已装袋的雄蜂蛹一包一包地平放在摊放架上，立即置冰柜中。放满一层后，在摊放架上放两根较冰柜略短一些的小木方，再放另一层摊放架，这样一层一层地叠加上去。这样做的目的是让两层摊放架之间留出一定距离，便于冷空气流通而使蜂蛹迅速冻透，防止蛹体变黑，待生产结束后集中交售。

　　如果蜂场没有冰柜，应与周边蜂场统一生产时间，集中将雄蜂蛹脾运往收购点采收。

第七章 蜜蜂病敌害防治

　　蜜蜂病敌害是影响蜂群生产发展的主要障碍，可使蜜蜂体质衰弱甚至死亡，轻则削弱群势，重则导致全场覆灭。能否正确识别、及时防治蜜蜂病敌害，是关系到养蜂成败的关键问题之一。在病敌害防治工作中，应遵循预防为主、防治结合的方针。一旦发生病敌害，要立即采取有效措施，控制其危害，做到早发现、快行动、严处置。

一、蜂场卫生和蜂具消毒

　　做好蜂场卫生工作是预防病敌害的重要措施，应遵循以下原则：

　　（1）保持蜂场周围环境干净清洁，检查蜂群时不要将蜡屑、赘脾随手扔在场内。

　　（2）个别蜂群患病，应先检查无病群，再检查病群。严禁将病群巢脾调进无病群。从病群中抽出的巢脾，应及时化蜡、焚烧或深埋。

　　（3）不从有病的蜂场引种。从外地引种，要严格对其进行检疫。

　　（4）不喂来历不明的饲料，用蜂蜜、花粉饲喂蜂群，均应进行消毒处理。

　　（5）蜂箱、蜂具应注意消毒，病群使用过的蜂箱消毒后才能再次使用。消毒前，用起刮刀将蜂箱、蜂具上的蜂胶、蜡屑、蜡瘤等清除，洗净晒干。

　　常用的消毒方法有物理方法和化学方法。物理方法可在烈日下暴晒蜂箱、空巢框；或用火焰喷枪等灼烧蜂箱、隔板等蜂具（图7-1），特别要注意箱角和缝隙处，应灼烧至木质微显黄色，以彻底消灭各种病原和虫卵。化学方法可点燃升华硫或二氯异氰尿酸钠粉等熏蒸巢脾。熏蒸时，每5个箱体为1组（4个继箱1个底箱），

图7-1　火焰喷枪灼烧消毒蜂箱

每个继箱摆放8～9张巢脾。将燃烧的木炭或煤块放入底箱的容器中，撒10～25克升华硫粉或二氯异氰尿酸钠粉，迅速将继箱抬到巢箱上，密闭熏蒸20小时（图7-2）。巢脾在使用前应通风，散除异味。水剂消毒可用3%～5%的食用碱溶液或5%的84消毒液擦拭蜂箱等蜂具，碱液和84消毒液均有腐蚀性，使用时应戴塑胶手套进行防护。

| 将空巢脾放入继箱中 | 底箱放入一空碗，空碗中放点燃的木炭或煤块 | 撒升华硫粉 | 迅速将装有巢脾的继箱抬到巢箱上，密闭熏蒸20小时 |

图7-2　升华硫熏蒸消毒巢脾

二、蜜蜂病敌害诊断

及时发现病情和准确判断病种是有效防治病敌害的第一步。随着科学技术的发展，蜜蜂病敌害诊断技术也有了很大的进步，如对病毒病、细菌病可在专业实验室采用免疫学和聚合酶链式反应（PCR）诊断技术，快速检测出病原和病种（图7-3）。

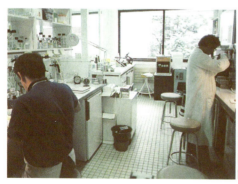

| 检测实验室 | 检测人员正在对中蜂囊状幼虫病病毒RNA进行反转录并扩增（张学文摄） |

图7-3　蜂病的实验室诊断

蜂群中不同的病敌害会产生不同的危害症状，实际上，养蜂员只要掌握了有关蜂病的知识，通过认真观察对比，就能根据症状准确判断病种，从而及时采取针对性的措施控制病情。因此，临床诊断仍然是生产上最重要的手段。

对于经验不足的养蜂员，在面对症状相似的病种如蜜蜂麻痹病、副伤寒、螺原体病等疾病时，在没有把握的情况下，仍然需要专业机构帮助鉴定。

三、严格规范用药

防治蜜蜂病敌害，平时应加强蜂群的饲养管理，以预防为主，实行综合防治。

一旦蜂群发病，应在明确诊断的基础上，有针对性地按照《蜜蜂病虫害综合防治规范》（GB/T 19168—2003）和《无公害农产品 兽药使用准则》（NY/T 5030—2016）的规定用药，不得使用国家明令禁止的抗生素及其他药物（如氯霉素、万古霉素等），不得超剂量、超范围用药。

生产期前60天为休药期，凡此期间用药的蜂群不能参与生产，所生产的产品不得作为商品出售。

四、蜜蜂主要病敌害的防治方法

（一）蜜蜂病毒病

1.囊状幼虫病 囊状幼虫病是一种病毒病，致病微生物为囊状幼虫病病毒（图7-4）。该病是中蜂的烈性传染病，危害大，传播快，范围广；意蜂有时也会发生，但危害不大。

（1）症状 蜜蜂的幼虫在1～2日龄时感染该病，5～6日龄大幼虫死亡，死亡幼虫多出现在预蛹期，即在幼虫封盖后、化蛹前死亡。

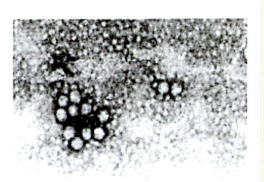

图7-4 电镜下的病毒颗粒（引自黄绛珠等）

患囊状幼虫病蜂群的子脾有以下特征：

①病死幼虫的典型症状为头尖上翘（俗称尖子、立蛆），用小镊子将病死幼虫夹出，呈上小下大的囊袋状，幼虫表皮与虫体之间有一层清液，病死幼虫无臭味。

②病情严重的蜂群，病死幼虫常呈片状分布。由于病死幼虫多，工蜂常来不及清理，部分病死幼虫后期会出现瘫软塌陷的情况。

③幼虫死亡后，工蜂感知死亡幼虫并咬开房盖欲将其清除，因此病群子脾上常会出现被工蜂咬开的密集的细小穿孔。

④患囊状幼虫病的子脾常呈"插花子脾"状（即卵、幼虫、封盖蛹相互夹杂），但此种插花子脾上封盖蛹较多，可以和欧洲幼虫腐臭病发病时虫、卵多而封盖子少的插花子脾相区别。

中蜂囊状幼虫病（简称中囊病）、意蜂囊状幼虫病症状见图7-5。

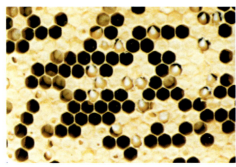

病死幼虫头尖，俗称尖子、立蛆

病死幼虫呈囊袋状

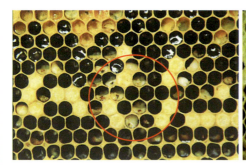

病死幼虫后期瘫软塌陷

封盖子脾上有细小穿孔（引自陈大福）

意蜂囊状幼虫病症状（预蛹头尖上翘）

意蜂患囊状幼虫病的插花子脾（引自陈大福）

图7-5　囊状幼虫病症状

（2）发病规律　该病主要发生在春秋两季，特别是气温低、骤冷骤热的蜂群春繁前中期；夏季高温期病群常有自愈倾向，病情缓解或消失；秋季气温偏低时常会复发。

（3）防治措施　目前对囊状幼虫病尚无廉价而有效的治疗药物，防治的重点在于加强蜂群的饲养管理，预防病害发生。一旦发病，早发现、早隔离、早治疗。

①加强饲养管理，预防病害发生

A.实行人工育王，在蜂场中挑选群势大、抗病力强的蜂群作为父母群、哺育群。及时淘汰、更换不抗病的蜂王。

B.避免近亲繁殖降低蜂群的抗病力。每2～3年自他场（距本场10～20千米）引入或交换抗病力强、群势大、产蜜量高的蜂群作种群。

C.随时保持蜂脾相称，保持群内饲料充足。

D.春繁期间，加强保温，保证群内有充足的饲料和补饲花粉，巢门喂水补盐（1‰盐水）。春繁早期易受寒潮影响，气温变化剧烈，易引发囊状幼虫病，为此，蜂群包装春繁时应紧脾，打紧蜂数，使蜂多于脾，加强蜂群保温。另外，提倡中蜂适期春繁，避开寒潮频繁、气温变化剧烈的时期，一般应在当地旬平均气温达6℃左右时进行，可降低蜂群的发病率。

②治疗　发现病情后主要采取以下措施：

A.一旦发现病群，应尽快将病群转移到距本场1～2千米外的地方，进行隔离治疗，防止本场扩大传染。

囊状幼虫病是烈性传染病，如发现有流行蔓延的趋势，应及时告知当地主管部门，采取措施封锁病区，在该病发生期间，防止蜂群进出病区，以免传播扩散。

B.关小病群巢门，防止盗蜂，以免传染给其他蜂群；对弱小病群要及时合并，并给病群蜂王剪翅，防止飞逃。

C.对病群扣王断子，缩脾紧脾，密集蜂数，促使工蜂尽快清除病死幼虫，8～10天后再放王产卵；或在扣王同时介入无病群或抗病群的王台，给蜂群换王。

D.对重病群，应采取"换箱、换脾、换王"等措施，实行综合防治。所有提出的病脾要立即深埋或烧毁，换下的蜂箱、隔板、覆布等蜂具要严格消毒后再使用。

E.对囊状幼虫病应采取抗病毒治疗，不应使用抗生素。

生物制剂有"中囊联抗"等，可按说明书使用。

饲喂治疗　　　　　　　　　　　　　喷脾治疗

图7-6　治疗发病群（张明华摄）

2.慢性蜜蜂麻痹病

（1）病原　慢性蜜蜂麻痹病（简称黑蜂病、瘫痪病）是由慢性麻痹病病毒（图7-7）引起的一种成年蜂传染病。该病主要感染意蜂，春秋两季为发病高峰。中蜂较少发生。

（2）症状

①大肚型　是此类病毒感染蜜蜂的典型症状（图7-8），在实际观察中要与下痢病相区别。下痢病的主要症状是蜜蜂排便相对于大肚型较稀，拉出中肠后即可分辨。而感染慢性麻痹病病毒的病蜂腹部明显膨大，不能消化，在巢门前或蜂箱附近慢慢爬

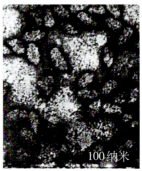
100纳米

图7-7　蜜蜂慢性麻痹病病毒（引自Bailey）

行，不能飞翔，在爬行过程中，翅膀和身体经常颤抖，拉出中肠后可见黄色、黑褐色或水样液体。有时一些蜜蜂会在巢框脾上和蜂箱底部结团，常被健康蜜蜂追咬。

病蜂腹部膨大　　　　拉出中肠进行鉴别诊断　　　病死蜜蜂

图7-8　大肚型病蜂（侯春生摄）

②黑蜂型　病蜂身体瘦小，但腹部常不膨大，背腹部油黑发亮，常被称为"亮黑蜂"（图7-9）。染病初期能够飞翔，但随着病程发展，体毛慢慢脱落，体色发黑，翅常缺损。主要在箱门前及附近爬行，不能飞翔，或大部分在巢框上爬行，几天后随感染加重死亡。有时此类蜂也会在巢框脾上和蜂箱底部结团，被健康蜂追咬。

病蜂腹部末端油黑发亮　　　　　　　　巢框上的病蜂

图7-9　黑蜂型病蜂（侯春生摄）

（3）发病规律　春季以大肚型为主，秋季以黑蜂型为主。春秋两季为发病高峰。蜜蜂大量采集甘露蜜也会引起慢性麻痹病病毒的潜伏与暴发。

（4）防治措施

①更换蜂王　选用抗病蜂群移虫培育蜂王，更换病群蜂王。

②杀灭、淘汰病蜂　采用换箱的方法，将蜜蜂抖落，健康蜜蜂迅速进入新蜂箱。而发病蜜蜂由于行动迟缓滞留在蜂箱外，可收集杀灭，以减少传染源。

③药物防治　患病蜂群每群每次用10克左右的升华硫，撒布在蜂路、框梁上或蜂箱底，对病蜂有驱杀作用。

（二）蜜蜂细菌病

1.欧洲幼虫腐臭病　简称欧腐病、欧幼病，是一种细菌性传染病，致病菌为蜂房蜜蜂球菌（图7-10）。不同蜂种对该病的抗病能力不同，中蜂对该病抗病能力差，感染后易发病；意蜂对该病抗病能力强，病情发展缓慢。

（1）症状　幼虫通常在1～2日龄感染该病，3～4日龄死亡。所以，死亡幼虫多发生在封盖之前，即大部分幼虫在巢房底部盘曲（呈C形）时死亡。死亡幼虫身体软化发瘪，呈苍白色，而正常幼虫的身体饱满，有珍珠般光泽。病情严重，病死幼虫多来不及清理时，病死幼虫会逐渐呈浅黄色，再转为黑褐色。最终尸体呈溶解性腐烂，用镊子挑取时无黏性，不能拉成细丝。

幼虫死亡后，工蜂将其从巢房拖出清理，然后蜂王又会在巢房内产卵，卵继续孵化成幼虫，如此，便会形成空房、卵、幼虫、封盖子相间的"插花子脾"（图7-11）。由于大量小幼虫死亡，封盖子少，没有新蜂出房，巢脾上长期只见卵、虫，极少见封盖子，长期见子不见蜂，导致蜂群群势下降。

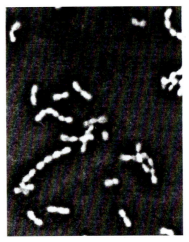

图7-10　蜂房蜜蜂球菌
（引自陈大福）

3～4日龄盘曲幼虫死亡，呈C形
（引自徐祖荫）

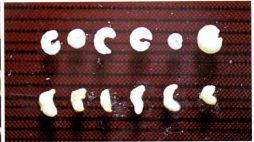

上排为健康幼虫，正常有光泽；下排为病死幼虫，发瘪呈苍白色（引自徐祖荫）

圈内病死幼虫呈浅黄色，停止发育；圈外左边两幼虫为健康幼虫（引自徐祖荫）

意蜂病死幼虫的各种症状（引自陈大福）

插花子脾，巢房被手指压塌处均有病死幼
虫（引自陈大福）

图7-11　欧洲幼虫腐臭病症状

　　由于中囊病和欧腐病都使幼虫死亡，因此有些中蜂饲养者常将两类病相
混淆，统称为"烂子病"，治疗时不进行针对性用药，治中囊病时大量使用抗
生素，既达不到治疗的目的，又严重污染了蜂产品。认真观察对比病死幼虫的
症状，可将这两类病相区别（表7-1）。

表7-1　中囊病与欧腐病的区别

项目	中囊病	欧腐病
病原	中蜂囊状幼虫病病毒（CSBV），属病毒性病害	主要为蜂房蜜蜂球菌（MSP），属细菌性病害
幼虫染病死亡阶段	1～2日龄幼虫感病，5～6日龄大幼虫死亡，即在幼虫封盖后、化蛹前死亡	1～2日龄幼虫感病，3～4日龄盘曲幼虫死亡，即幼虫死亡在封盖之前
发病季节	主要在春秋两季，特别是骤冷骤热的蜂群春繁期。夏季高温期病情消失或明显减轻。南方多发生于3—4月，北方多发生于5—6月	春秋两季易发病，夏季有时也会发生
症状	1.死亡幼虫的典型症状为头尖上翘，俗称尖子、立蛆。用小镊子将病死幼虫夹出，呈上小下大的囊袋状，无臭味，幼虫表皮与虫体之间有一层清液 2.病死幼虫量较多，通常在子脾上呈片状分布 3.工蜂要清除封盖后的病死幼虫，会咬开房盖，故封盖子脾上常会出现许多密集的细小穿孔	1.病死幼虫通常在巢房内呈C形（盘曲幼虫），死幼虫体色呈乳白或灰白、黄白色，伴有腐臭味，失去正常幼虫的珍珠般的光泽 2.死亡幼虫多呈不规则的散点状分布，严重时也有成片分布的。发病初期由于病死幼虫少，零星分布，不易察觉 3.由于此病的死亡幼虫多发生在封盖之前，所以工蜂无须打开房盖，一般在封盖子脾上看不到细小穿孔
治疗	抗生素治疗无效，应采用抗病毒药物治疗	用抗生素治疗有效

（2）发病规律　该病除冬季外，全年均可发生，但以春秋两季较重。

（3）防治措施　同中囊病一样，除做到提前预防，随时保持饲料充足、蜂脾相称外，还应做到以下几点：

①加强饲养管理，防止盗蜂。

②药物防治。患欧腐病的多是小幼虫，易被工蜂清理，患病初期不易发现病死幼虫，开箱检查子脾时要特别注意小幼虫是否健康，如发现有插花子脾、封盖子长期稀少，并发现其中有病死幼虫，要立即用药治疗。中蜂发病严重时，巢门口要装防逃片或给蜂王剪翅，防止飞逃。

药物治疗采用：红霉素0.05克喷雾或加糖水饲喂（10框蜂用量），隔天1次，连续5～7次为1个疗程。

2. 美洲幼虫腐臭病　简称美腐病，是一种细菌性传染病。致病菌为幼虫芽孢杆菌。该芽孢杆菌生活力强，在巢脾上能生活15年。该病治疗不彻底易反复发作。国内外均将美腐病列为主要检疫对象。该病是西方蜜蜂最易感染的一种细菌性传染病，但对中蜂几乎无危害。

（1）症状　患病幼虫多在封盖后死亡。封盖子的房盖色泽变深、下陷，且常被工蜂咬破穿孔。卵、幼虫、封盖子和空巢房在封盖子脾上相间排列，俗称插花子脾。虫尸腐败呈胶状，下沉直至后端，横卧于蜂室时幼虫呈棕色至咖啡色，并有黏性，有特殊鱼腥臭味。用镊子挑取虫尸，可拉细丝。尸体干枯后，呈黑色鳞片状，紧贴房壁不易清除（图7-12）。

病死幼虫房盖下陷，穿孔

腐烂虫体黏性强，可拉细丝

幼虫干枯后头上翘，紧贴房壁，呈龙舟状

图7-12　美洲幼虫腐臭病症状（引自陈大福）

（2）发病规律　该病春季时有发生，但多流行于夏秋季节。主要通过内勤蜂的清扫和哺育活动在蜂群内传播；在蜂群间传播，主要由养蜂员把带菌蜂蜜作饲料或随意调脾引起，盗蜂、迷巢蜂也会将病传播给健康蜂群。

（3）防治措施　美洲幼虫腐臭病不易根除，因此要特别重视预防工作：①杜绝病原传入；②越冬包装之前，对贮存的巢脾及蜂具等进行一次严格彻底的消毒；③遵守卫生操作规程，严禁使用来路不明的蜂蜜作饲料；④不购买有病蜂群；⑤饲养强群，增强蜂群的群体免疫力。

用红霉素治疗有良好效果，用法用量与欧腐病相同。对患病蜂群，除喂药治疗外，还应进行换脾、换箱，烧埋巢脾，彻底消毒蜂箱。

3.蜜蜂副伤寒病　是一种由蜜蜂副伤寒杆菌感染成年蜂引起的细菌性传染病。主要由蜜蜂采食含有病菌的饲料或者不清洁的水，经消化道传染而引发。多为意蜂感染，中蜂感染相对弱于意蜂。

（1）症状　病蜂腹部膨大，体色发暗，行动迟缓，体质衰弱，有时肢节麻痹，失去飞翔能力，腹泻等。患病严重的蜂群箱底或巢门口有大量死蜂，病蜂排泄物大量聚集，散发难闻的气味。对病蜂解剖观察，肠道呈灰色，无弹性，其内充满棕黑色的稀糊状粪便。

（2）发病规律　多流行于冬春季节，在阴冷潮湿的越冬室内或多雨的春季都易发病，若夏季气温突降也会导致该病的流行。

（3）防治措施　此病以预防为主，选择干燥地势放蜂，越冬蜂群留足饲料，且饲料要优质卫生，必要时可在蜂场设置清洁水源。对病情严重的蜂群，先进行换箱、换脾，再进行药物治疗。

（三）蜜蜂真菌病

1.蜜蜂白垩病　简称石灰质病，是蜜蜂幼虫的一种顽固性真菌传染病，系蜜蜂囊球菌引起（图7-13）。病菌在干燥状态下可存活15年之久，主要危害意蜂，对中蜂危害不大。

（1）症状　蜜蜂老熟幼虫在封盖后死亡，一般首先发病于子脾边缘和雄蜂幼虫，然后向中心扩展。发病初期，被感染幼虫体色不变，为无头白色幼虫；发病中期，幼虫身体柔软膨胀，体表开始长满白色菌丝；发病后期，病虫尸体逐渐失水、萎缩、硬化。虫尸很容易被工蜂从巢房中清除，患病蜂群巢门口常有白色葵花仁状的幼虫尸体（图7-14）。

（2）发病规律　白垩病的发生与温湿度关系密切。当巢内温度下降到30℃左右，相对湿度在80%以上时，最适合病菌子囊孢子的生长。春秋两季容易发病，夏季潮湿多雨也会加重病情。此外，蜂群缺蜜，群势缩小（如交尾群），放蜂场地潮湿，均易发病。意蜂中的浆蜂抗白垩病能力差，东北黑蜂、喀蜂、原意、本意较抗白垩病。

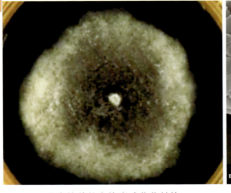

分离培养的蜜蜂囊球菌菌丝体　　　　蜜蜂囊球菌子囊内孢子集合成的孢子球

图7-13　蜜蜂白垩病的致病菌（引自陈大福）

患白垩病死亡的蜜蜂幼虫尸体　　患白垩病蜂群巢门前及箱底　　蜂房内患白垩病死亡的蜜蜂
　　　　　　　　　　　　　　部可见工蜂拖出的石灰状幼　　幼虫体表长满白色菌丝
　　　　　　　　　　　　　　　　　　虫尸体

图7-14　蜜蜂白垩病症状（引自陈大福）

（3）防治措施

①蜂场应建在地势较高、阳光充足、干燥通风的地方。

②保持巢内有充足的饲料，易感季节应保证蜂多于脾；春繁期间，及时翻晒箱内保温物体，增强蜂群的抗病能力。

③可针对性地购买商品化抗白垩病蜂王。

④利用杂种优势。以产蜜为主的蜂场应采用喀意或黑意杂交蜂王。浆蜂定期换种，采用不同品系进行轮回杂交。

⑤采用药物治疗，例如：

A.制霉菌素：每次用制霉菌素1片（10万国际单位）溶于水后喷雾或加糖水饲喂（10框蜂用量），隔天1次，连用5～7次为1个疗程。

B.二氯异氰尿酸钠粉：该药对蜜蜂白垩病有特效，且对人、蜂无毒（图7-15）。

图7-15　二氯异氰尿酸钠粉

二氯异氰尿酸钠粉有两种用途：一是用于蜂具消毒。将巢脾、蜂具放入空继箱中，箱顶盖塑料薄膜密封；用透明胶带封堵蜂箱及箱与箱之间的缝隙。在巢箱中点燃粉剂熏蒸（用量为10克/米³左右），然后把继箱抬放在巢箱上，密封熏蒸20小时，解封后数小时就能正常使用。使用前要认真阅读说明说，并做好防护，避免接触皮肤和吸入烟雾。

二是用于蜂路撒施。将粉剂撒在蜂路上，每群蜂用量为6～10克，可根据病情适当多撒，每天或2天撒1次，3次为1个疗程。病情好转后为防复发，隔几天后再往箱底撒药。

2.蜜蜂微孢子病　又称微粒子病，是由蜜蜂微孢子（图7-16）引起的成年蜂病。微孢子不仅感染工蜂，蜂王和雄蜂也会被感染。微孢子寄生于蜜蜂中肠上皮细胞内，以蜜蜂体液为营养，发育繁殖，以意蜂感染最为普遍。

（1）症状　病蜂发病初期外部症状不明显，随着病情发展，逐渐表现出病状，如行动迟缓、萎靡不振，后期失去飞行能力。病蜂常集中在巢脾下边缘和蜂箱底部；也有的病蜂出现在巢脾上框梁上。因病蜂常受到健康蜂的驱逐，有些病蜂的翅膀会缺失，导致许多病蜂在巢门前和蜂场场地上无力爬行。该病的典型症状是病蜂下痢，腹部末端呈暗黑色，第1、2腹节背面多呈棕黄色，略透明。

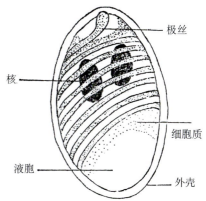
图7-16　蜜蜂微孢子的构造示意

解剖病蜂，中肠呈灰白色，环纹模糊，失去弹性（健康蜜蜂中肠呈淡褐色，环纹清晰，弹性良好）。将病蜂中肠进行研磨，加5毫升蒸馏水制成悬浊液，涂片置显微镜450～600倍下观察，可见长椭圆形的孢子（图7-17）。

（2）发病规律　该病的发生与温度及蜜粉源关系密切，有明显的季节变化，发病高峰期通常在春季至夏初（3—6月），南方夏季高温、北方晚秋低温情况下病情急剧下降。

| 患病工蜂中肠呈白色，不透明（箭头所示）（引自乃育昕等） | 蜜蜂中肠内检出的孢子（引自陈大福） | 蜂箱外有病蜂下痢的排泄物（箭头所示）（引自陈大福） |

图7-17　蜜蜂微孢子病的症状

（3）防治措施

①蜂具消毒（见本章蜂场卫生和蜂具消毒），收集并焚烧病蜂尸体。

②补足优质越冬饲料，防止蜜蜂采集甘露蜜。春繁期饲喂花粉时要进行消毒。

③酸饲料治疗。1 000毫升50%的糖浆中加4毫升食醋，10框蜂每次喂250毫升，2～3天1次，连用4～5次为1个疗程。

（四）蜜蜂原生动物病

1.蜜蜂马氏管变形虫病　简称阿米巴病，常与蜜蜂微孢子病并发，也常单独发生，与微孢子病并发的危害大于两种病单独发作。该病病原为蜜蜂马氏管变形虫（图7-18），其会形成孢囊，通过饲料或水进入蜜蜂体内，到达马氏管后形成营养体阿米巴。阿米巴从马氏管的上皮细胞获得营养物质，迅速繁殖，充满马氏管，导致蜜蜂排泄机能障碍。阿米巴在30℃下能存活22～23天，然后形成新的孢囊。孢囊可忍受低温、干燥等不良环境条件，能在蜂体外永久生存。

（1）症状　病群工蜂采集力降低，蜂群发展缓慢，群势减弱，但很少见到死蜂，这是因为患病蜜蜂的消化系统受损，体弱无力，常在飞行中死于野外。

取出病蜂消化道，置于载玻片上，取中肠和小肠，滴1滴蒸馏水将其浸没，放在低倍显微镜下观察。若出现马氏管膨大，近于透明状，管内充满似珍珠的孢囊壳，将马氏管弄破后可见孢囊壳像珍珠般散落在水中，即可确定为变形虫病。

（2）发病规律　秋季、早春时该病感染率低，3—4月为感染快速增长期，

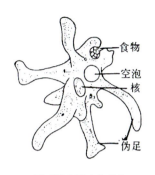

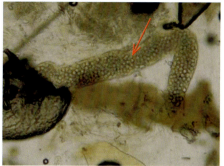

马氏管变形虫营养体　　　　孢囊　　　蜜蜂马氏管（箭头所示）内的变形虫孢囊
（又称游走体）　　　　　　　　　　　　　　　　（引自陈大福）

图7-18　蜜蜂马氏管变形虫

5月达到高峰期，6月后病情突然下降。

（3）防治措施　该病的防治方法与蜜蜂微孢子病相似。在高发季节来临前加强蜂群的管理，做好消毒工作，尽可能减少感染源。

2.蜜蜂爬蜂综合征　该病病原十分复杂，致病微生物有蜜蜂螺原体、蜜蜂微孢子、蜜蜂马氏管变形虫和蜜蜂麻痹病毒等，均以混合感染的形式出现。蜜蜂螺原体是致病的主要原因。

蜜蜂螺原体是一种螺旋状、能运动、无细胞壁的原核生物，广泛存在于油菜、刺槐等蜜粉源植物的花中。该病的发生往往与蜜蜂微孢子病、蜜蜂麻痹病混合感染，主要感染意蜂，对中蜂危害不大。

（1）症状　患病蜜蜂爬出巢门外，在蜂箱周围的地面爬行，行动迟缓，不能飞翔，在地面不停旋转和翻跟斗，成堆聚集在凹坑或草丛中。有的死蜂双翅展开，吻突出，似中毒（图7-19），蜂群巢内生活秩序基本正常。该病一旦与蜜蜂微孢子病、蜜蜂麻痹病混合感染，病情将十分严重，会在蜂箱周围地面出现大量死蜂，此时蜂群群势锐减。由于该病容易与其他成年蜂的蜂病混合感染，因此病蜂肠道变化不尽相同，有的病蜂中肠肿胀呈白色，有的后肠有积水或黄色花粉。

蜂群发病分急性型和慢性型两种。

①急性型　表现为患病蜂群病情严重，蜂箱周围遍地死蜂，群势下降

图7-19　蜜蜂爬蜂综合征症状
（死蜂吻突出，似中毒）

很快，15～20天蜂量减半。

②慢性型 表现为病蜂不断从蜂巢内爬出箱外，在地面爬行或死亡，蜂群内秩序正常，但蜂量不见增长，出现"见子不见蜂"的现象。

（2）发病规律 4—5月及8月上中旬为发病高峰期，油菜花期结束后，病情趋于好转。定地加小转地的蜂场，蜂群发病率低，病情较轻。长期转地放蜂的蜂场，发病率高，病情重，损失大，连续生产王浆的蜂场发病严重。

（3）防治措施 由于蜜蜂螺原体病多数与其他蜜蜂疾病混合发生，因此要采取综合防治措施，使用复合药剂，以防治并发症。

①加强饲养管理

A.选用抗病力强、未患爬蜂病的蜂群培育蜂王，一年至少换一次蜂王。

B.蜂场应设在背风向阳、通风良好的场地，避免环境阴湿、蜂群内湿度过大造成蜂蜜结晶、饲料变质、蜜蜂下痢等，从而诱发爬蜂病。

C.越冬和春繁饲料要充足且优质新鲜，切勿使用陈旧、变质、发霉或含有甘露蜜的饲料。做饲料的蜂蜜、花粉要事先进行消毒。

D.春繁前，蜂箱、蜂具、巢脾要进行消毒。

②药物预防和治疗 药物预防应在春季繁殖时进行，在第二张子脾尚未封盖时用药较为适宜。药物治疗应做到早发现病情、早用药。每4～5天为1个疗程，停药3天再用药1个疗程，直至痊愈。可选用以下药物中的一种：

A.米醋50毫升，加入1千克50%的糖水中，充分搅拌均匀，每群蜂喂250毫升。

B.每10框蜂每次用红霉素0.05克溶于水后喷雾或加糖水饲喂，隔天1次，连用5～7次为1个疗程。

C.中草药：黄芪、党参、甘草、山楂、大黄、金银花、板蓝根、半枝莲各100克熬水，兑50%的糖浆，可治疗200箱蜂。

（五）蜜蜂寄生虫病

蜜蜂的寄生虫病有蜂螨和寄生蜂（如斯氏蜜蜂茧蜂），蜂螨是意蜂等西方蜜蜂的重要病敌害，而斯氏蜜蜂茧蜂则主要危害中蜂。

1.蜂螨 包括大蜂螨和小蜂螨。大蜂螨的雌性成螨约有半粒芝麻大小，体呈棕褐色，长1.1～1.2毫米，宽1.6～1.8毫米，宽大于长，外形像小螃蟹，肉眼易发现；雄螨个体比雌螨小，体呈卵圆形。雌性小蜂螨成螨为卵圆形，体长约1毫米，宽0.5毫米，长大于宽，只有大蜂螨的1/3大，体呈灰黄色（图7-20）。两者在蜂群中常同时发生，严重危害西方蜜蜂。中蜂有抗螨特性，蜂群内极难见到蜂螨，不构成危害。

（1）蜂螨的寄生性 蜂螨的发育分为卵、若螨、成螨3个阶段（图7-21）。

大蜂螨（左）和小蜂螨（右）的比较　　大蜂螨的腹部　　附着在工蜂背部的大蜂螨

蜂房中的大蜂螨　　　蜂房中的白色物质为大蜂螨排泄物　　　雄性小蜂螨

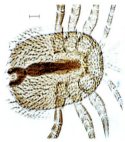

雌性小蜂螨　　　　蜂房中的小蜂螨　　　　小蜂螨的危害

图7-20　蜂螨及其危害（引自陈大福）

大蜂螨可以寄生在成蜂体表，如寄生于工蜂和雄蜂腹部的环节间，吸食蜜蜂体液（图7-22）。但小蜂螨的整个生活周期几乎都寄生在子脾上，以蜜蜂幼虫体液为食，脱离子脾后，小蜂螨若螨只能存活1～3天。

图7-21　蜂螨发育阶段（引自陈大福）

大、小蜂螨有一个共同的特点，即必须在有封盖子的巢房中繁殖下一代，尤其要在雄蜂房中产卵（图7-23）。以大蜂螨为例，雌性成螨与雄性成螨交配受精后在巢房即将封盖前潜入巢房产卵，产卵1～6粒，孵化为若螨，吸食蜜蜂幼虫和蛹的体液，发育成成螨并完成与雌性交配。当蜜蜂羽化时，雌螨随新蜂羽化而离开，伺机再进入合适的巢房中繁殖下一代，卵到成螨发育期为6～9天。小蜂螨的发育周期比大蜂螨短，但繁殖力强，由卵到成螨只需4～5天，小蜂螨成螨还会咬破房壁进入巢房再进行繁殖（从而使巢房出现针孔大小的穿孔），所以小蜂螨繁殖速度快，数量多，通常危害比大蜂螨严重。小蜂螨不危害成蜂，但会借助成蜂传播扩散。

图7-22　大蜂螨寄生于蜜蜂腹板内，吸食脂肪体（引自陈大福）　　图7-23　大蜂螨雌螨进入即将封盖的巢房进行繁殖（圆圈所示），雄蜂房是首选（引自陈大福）

（2）症状　被大、小蜂螨寄生的蜜蜂幼虫、蛹发育不良（图7-24），幼蜂羽化后成为卷翅的残翅蜂（图7-25），不能飞翔，在巢门前、蜂箱附近到处爬行。危害严重时，蜜蜂各龄期幼虫和蛹大批死亡，巢房封盖不规则，死亡

寄生于蜜蜂幼虫体表的大蜂螨　　寄生于蜜蜂蛹体上的小蜂螨　　共同寄生于蜜蜂蛹体上的小蜂螨与大蜂螨

图7-24　蜂螨寄生危害蜜蜂幼虫和蜂蛹（引自陈大福）

幼虫无一定形状，幼虫腐烂但不粘巢房，易清除。蜂群群势严重衰弱，最后全群灭亡。大蜂螨还会携带传播一些其他病害，如病毒病、真菌病、细菌病等。大蜂螨危害蜜蜂，刺穿蜜蜂身体造成伤口，也很容易造成蜜蜂麻痹病病毒的侵入。

出房工蜂翅和足畸形　　　　　　　　出房工蜂翅完全萎缩

图7-25　蜂螨发生后出房成蜂出现的症状

　　若在巢门前发现大量翅、足残缺的幼蜂爬行，并有死蜂蛹被工蜂拖出等情况；同时幼虫和蜂蛹体外、成蜂体表发现有大蜂螨附着，即可确定为大蜂螨危害。小蜂螨危害除出现幼虫、蛹死亡，封盖巢房上还会有针头大小的穿孔，阳光下提脾检查，会发现巢房上有小蜂螨迅速爬行，即可判定为小蜂螨危害。

　　（3）发病规律　　大蜂螨从早春蜂王产卵开始繁殖。春末夏初，大蜂螨开始严重危害蜂群，弱群受害严重。小蜂螨繁殖最适合的温度与蜜蜂子脾大致相同，且其生存繁殖与温度、蜜蜂子脾有关。例如，北京在6月前或11月上旬以后，外界气温下降到10℃以下，在蜂群中基本看不到小蜂螨，其他地区也有类似情况。对小蜂螨越冬地区的调查表明，可越冬的温度指标为月平均温度不低于5℃，越冬期间蜂群内绝对断子期不超过10天。结合上述指标及各地调查结果表明，湖北、湖南、江苏、浙江、安徽、云南、四川、贵州及淮南南部为小蜂螨的可越冬区，而广东、广西、福建以及江西南部为小蜂螨的越冬基地。

　　（4）防治措施

　　①割除雄蜂蛹　　利用大、小蜂螨喜欢寄生在雄蜂房的特点，在蜂群的日常管理中，定期割除雄蜂蛹。

　　②药物防治　　由于大、小蜂螨在封盖巢房中繁殖，所以在蜜蜂繁殖期，由于巢房盖的阻隔，会严重影响药物的杀螨效果，而蜂群断子期蜂螨暴露在外，此时是彻底治螨最有利和最关键的时期。可利用自然断子、人工扣王断子（12天以上）、原群扣王换王、分蜂群培育新王等断子期施药彻底治螨。

A．挂药治螨：日常治螨可挂杀螨条。用钉子或细铁丝将螨扑等杀螨药片固定于蜂群内的第二个蜂路间，使用剂量为强群2片、弱群1片（参考使用说明书）。使用2片时在蜂巢中呈对角线悬挂，3周为1个疗程。

B．带蜂喷药治螨：将触杀型的杀螨药（如杀螨1号、速杀螨、敌螨1号等）按每毫升药剂加300～600毫升水的比例配制成药液，充分搅匀，用喷雾器均匀喷洒在带蜂巢脾的蜂体上（喷至蜜蜂体表呈现一层薄雾状为宜）（图7-26），然后盖好蜂箱箱盖，约30分钟后蜂螨即因急性中毒而从蜂体脱落，24小时内多数蜂螨死亡。

图7-26　带蜂喷药

C．草酸熏烟治螨：蜂群断子期，草酸熏烟治螨是最安全、无害的方法。草酸熏烟的方法是将草酸（单箱2～3克、继箱4～5克）放入铜锅加热器加热1～2分钟，待铜锅内草酸完全蒸发，再断开电源从蜂箱取出加热器，封闭巢门10～15分钟（图7-27）。封闭巢门的同时可以继续处理其他蜂群，切记加热器不能连续空烧。草酸熏烟在断子期治疗体表蜂螨效果最好，一般在蜜蜂出勤少或不出勤时使用，不受温度限制。也可在稀糖水中加入3%的草酸，溶解后均匀喷洒巢脾，每脾喷2毫升，3天1次，连续喷洒5次为1个疗程。

使用12伏电源
（10安以上电流）

功率150瓦

铝头导热快

电源线长1.5米

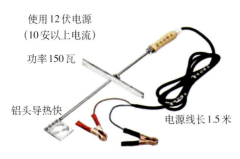

草酸加热器（无残留、不伤蜂、安全）

用加热器将草酸加热至完全蒸发

图7-27　草酸治螨（引自陈大福）

D．甲酸熏蒸治螨：甲酸常温下可以挥发，能扩散至整个蜂箱杀死蜜蜂体表和封盖子脾内的蜂螨。甲酸是蜂蜜的天然成分之一，适当使用时没有残留。高浓度甲酸对人体有腐蚀性，使用时应戴口罩及橡胶手套等进行防护。甲酸熏蒸剂每箱蜂每次用1瓶（2毫升），用时将药剂涂在2张纸片上，然后分别塞入左右巢门（图7-28）。每月使用1次，全年用10次左右。

　　蜂群断子期最有效的治螨方法是草酸熏烟，其次是甲酸熏蒸。群势增长期或强盛期治螨最好使用甲酸。

将甲酸涂在纸片上　　　　　　　　从巢门口塞入甲酸熏蒸纸片

图7-28　甲酸治螨

　　E.升华硫杀螨：对小蜂螨危害的蜂群，可用升华硫治螨，将药粉均匀地撒在蜂路和框梁上，也可均匀地涂布于封盖子脾上，注意不要撒入幼虫房内，以防幼虫中毒（图7-29）。为有效掌控用药量，可在升华硫中掺入适量的面粉作为填充剂，充分调匀，装入大小适中的瓶内，瓶口用双层纱布包扎好。用药时对准施药部位，轻轻抖动药瓶，撒匀即可。涂布封盖子脾用药时，可用双层纱布将药粉包成药包，直接涂布封盖子脾，一般每群（10框蜂）用药粉3克，每隔5～7天用药1次，连续3～4次为1个疗程。用药时，注意用药应均匀，用药量不能太大，以防蜜蜂中毒。

升华硫　　　　　　　　涂布子脾　　　　　　　　撒于蜂路

图7-29　升华硫治螨

　　F.分蜂换王期治螨：利用分蜂、换王，从蜂群处女王交尾产卵到第一代幼虫封盖前的断子期（17～20天）治螨，可以提高杀螨效果。

　　另外，单纯取蜜的西蜂，在大流蜜期采用吊王限产的措施取蜜（巢箱内只留2张脾给蜂王产卵），待流蜜期结束后，可将有子巢脾集中到某几群，子脾用升华硫涂脾，其余蜂群用水剂喷雾或用草酸、甲酸熏蒸，彻底治螨，也可以起到较好的防治效果。

2. 斯氏蜜蜂茧蜂 斯氏蜜蜂茧蜂是目前危害中蜂的一种主要的寄生虫，以幼虫危害中蜂成年蜂，造成中蜂工蜂死亡，总体对蜜蜂危害并不大，但近年来发生地区逐渐增多，发生情况逐渐加重。

斯氏蜜蜂茧蜂为完全变态的微小昆虫，须经历卵、幼虫、蛹、成蜂4个阶段。其雌蜂体长仅为4.33毫米左右（图7-30）。雄蜂较雌蜂体短，体色比雌蜂暗。雌蜂用针状产卵器产卵于蜜蜂幼蜂腹内，一蜂一粒。卵孵化后，其幼虫靠吸食蜜蜂体液发育。老熟幼虫呈蠕虫形、鲜黄色，体长7～8毫米，两端稍尖，体微弯。斯氏蜜蜂茧蜂的幼虫老熟后从工蜂肛门爬出，工蜂即死亡。其幼虫在蜂箱底部或蜂箱周围地表结茧化蛹，蛹长4毫米左右（图7-31）。

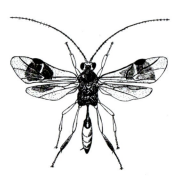

图7-30　斯氏蜜蜂茧蜂雌蜂
（徐祖荫绘）

寄生蜂在工蜂腹内产的卵　　　　　老熟幼虫　　　　　寄生在工蜂腹部的幼虫
（箭头所示）　　　　　　　　　　　　　　　　　　　　　（箭头所示）

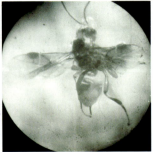

茧及其中的蛹　　　　　成蜂

图7-31　斯氏蜜蜂茧蜂（引自陈绍鹄）

（1）症状　斯氏蜜蜂茧蜂幼虫寄生在中蜂工蜂的腹腔内，工蜂被寄生初期无明显症状，仍可采集花蜜、酿蜜。但当斯氏蜜蜂茧蜂幼虫长大成熟后，工蜂丧失飞翔能力，离脾，六足紧卧，腹端瘦瘪，色暗，反应迟钝，螫针不能伸缩，趴卧在箱底，中午前后气温较高时，病蜂会爬到蜂箱的踏板、箱壁、箱底聚集（图7-32），数只到几十只不等，最后死亡。不论中蜂群势强弱，均会被斯氏蜜蜂茧蜂寄生，寄生率最高可达10%以上，传统饲养的蜂群寄生率较高。

聚集在巢门前的病蜂（徐祖荫摄）　　蜂箱底部的病蜂（徐祖荫摄）　病蜂腹内被挤出的斯氏蜜蜂茧蜂的幼虫，见尾端（王瑞生摄）

图7-32　寄生蜂危害蜂群的症状

（2）发病规律　寄生高发期在6—8月。

（3）防治措施

①避免引进有斯氏蜜蜂茧蜂危害的病群。

②夏季趁中午前后病蜂聚集在巢门时，用扁平刮刀将病蜂与其腹内的寄生蜂幼虫一起压死，然后用容器收集并集中烧埋。

③割除蜂箱周围的杂草，压死病蜂后，将病蜂尸体刷到地面，供蚂蚁、鸟类取食，或让阳光将其晒焦，作无害化处理。

④缺蜜期对病群加强饲喂，促其繁殖，提高健康工蜂的比例，恢复蜂群群势，逐渐减轻并控制寄生蜂危害。

（六）蜜蜂主要敌害

1.大蜡螟　蜂巢内的蜡螟有大蜡螟和小蜡螟两种。经研究证实，这两种蜡螟形态（图7-33、图7-34）、习性截然不同。小蜡螟幼虫只在箱底吃蜡屑；而危害巢脾造成中蜂白头蛹的是大蜡螟的幼虫（俗称巢虫、绵虫）。大蜡螟为全变态昆虫，即从卵发育为幼虫，以蜂巢为食，幼虫长大后化蛹，蛹羽化为成虫，雌、雄成虫交配后再产卵（图7-35）。如此循环往复，不断危害蜂群。

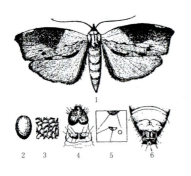 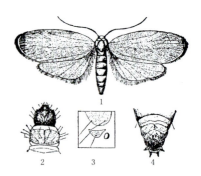

图7-33 大蜡螟各虫期的形态特征　　　图7-34 小蜡螟各虫期的形态特征
　　　　　（徐祖荫绘）　　　　　　　　　　　（徐祖荫绘）
1.雌成虫　2.卵　3.卵粒表面的雕刻纹　　1.雌成虫　2.幼虫头及前胸
4.幼虫头及前胸　5.幼虫前胸气门附近皮肤的放大　3.幼虫前胸气门　4.蛹的腹端
　　　　6.蛹的腹端

大蜡螟雌虫产的卵块（卵粒放大7倍）

大蜡螟初孵幼虫　　　大蜡螟初孵幼虫　　　大蜡螟老熟幼虫
（放大5倍）　　　　　（放大12倍）

破茧后露出的蛹　　　　　　　　大蜡螟成虫（左：雌虫，右：雄虫）

图7-35　大蜡螟各虫态（徐祖荫摄）

　　大蜡螟在蜂群间的传播主要是通过蜡蛾在夜间串巢产卵，或通过人工调脾，将有虫巢脾调往无虫群中所致。

　　巢虫是中蜂的重要敌害；西蜂清巢力强，巢虫对蜂群不构成直接危害，主要蛀损其库存巢脾。

　　（1）危害　大蜡螟雌成虫（又称雌蛾）腹部末端有细长的伪产卵器（图7-36），产卵时大多将伪产卵器伸入蜂箱缝隙内产卵，很难被人发现。当卵孵化为小幼虫后，即从孵化处经箱壁爬行至上框梁，打洞潜入巢脾夹层中生活，并吐丝作隧道。巢虫在巢脾中活动、蛀食巢脾时，会破坏巢房的完整性，使封盖蛹死亡。工蜂在探知蜂蛹死亡后打开房

图7-36　大蜡螟雌成虫尾端细长的伪产卵器

盖，此即"白头蛹"（图7-37）。开盖后蛹房房檐较高，死蛹身体除复眼呈紫红色外，通体呈乳白色。

正常子脾　　　　　　　　被巢虫危害后，子脾上形成的白头蛹

蜂群被巢虫危害飞逃后留下的巢脾，
脾面布满巢虫吐的白色丝网

蜂群中被巢虫蛀损的巢脾
(引自陈大福)

图7-37　大蜡螟的危害

巢虫危害使蜜蜂在蛹期死亡，这一特征可与中蜂囊状幼虫病、欧洲幼虫腐臭病相区别。被巢虫危害的蜂群箱底常有黑褐色的蜡渣和巢虫；巢脾表面凹凸不平，甚至有洞，使子脾受损，蜜蜂不愿在受损巢脾上选房产卵，大幅降低了蜂群育子的面积。巢虫危害轻则导致群势下降，产蜜量降低；重则巢脾被毁，蜂群飞逃。巢虫除危害蜂群外，还会蛀食闲置和库存的巢脾。

（2）发病规律　大蜡螟通常以幼虫在蜂群的巢脾中越冬。油菜花尾期，过冬幼虫开始化蛹，然后羽化为成虫产卵。巢虫在蜂群活动期均有危害，每年5—9月危害最为严重。南方危害重于北方。

（3）防治措施

①蜂群被巢虫危害后，工蜂常会咬脾将巢虫清落到箱底，这时巢虫依靠箱底的蜡渣为生，幼虫老熟后即在箱底化蛹、羽化。因此，每隔7～10天，应定期清除箱（桶）底蜡渣，消灭大蜡螟的幼虫和蛹，杀死蜡蛾。

②中蜂喜欢新脾，而巢虫喜欢旧脾，因此，应利用流蜜期起造新脾，及时替换、淘汰颜色发黑的老旧巢脾和表面坑坑洼洼、不平整的虫害脾。淘汰的旧脾要及时化蜡，消灭潜藏在其中的蜡螟幼虫。若巢脾尚新，还可利用，则可将巢脾放于冰柜中冷冻1～2天，或用升华硫熏蒸1～2次，杀死蜡螟幼虫。经冷冻或熏蒸处理的巢脾，应放在密闭的继箱内，置于干燥处保存备用。

③对于巢虫危害严重的蜂群，应将蜂群中白头蛹多的巢脾与健康群中的同类巢脾对调（子脾换子脾，蜜脾换蜜脾），分别疏散到其他健康群中作边脾（每个健康群放1框），待其中健康蜂蛹羽化出房后，将含巢虫的巢脾提出淘汰并化蜡。被害群在与其他蜂群交换巢脾的同时，应同时换箱，以免发生再次感染。

④药物防治，将巢虫清片放在箱内巢门处或挂在巢脾间，弱群1片，强群2片，2个月换1次。也可在6—10月巢虫高发期，用注射器抽取0.1毫升康宽

原液，配500毫升水，每隔半个月对准蜂箱的箱角、箱缝喷药1次。

⑤加强蜂群管理，随时保持蜂脾相称或蜂多于脾。安置蜂群的地方，应尽量避免西晒。夏季炎热时蜂箱上应遮阴防晒，最好加浅继箱通风散热。

2.胡蜂 危害蜜蜂的胡蜂种类主要是金环胡蜂、墨胸胡蜂、黄腰胡蜂等（图7-38）。金环胡蜂个体大，凶残，危害最大。

围守在蜂箱巢门前的金环胡蜂　　　　　　土洞中的金环胡蜂蜂巢

墨胸胡蜂（小胡蜂）　　黄腰胡蜂（小胡蜂）　　小胡蜂的蜂巢

图7-38　胡蜂及其蜂巢（徐祖荫摄）

（1）危害　小胡蜂多在巢门前凌空猎捕采集蜂和归巢蜂。体躯较大的胡蜂如金环胡蜂，除在巢门前捕捉蜜蜂，扰乱工蜂正常出勤外，还会破坏巢门，攻入蜂巢，劫掠蜜蜂幼虫和蛹，将蜜蜂咬死或赶走，导致蜂群倾covering覆灭。中蜂常避其锋芒，缩进巢内御敌；而意蜂则聚集至巢门外迎击，但由于大胡蜂力大凶猛，意蜂工蜂死伤严重，如疏于防范，两三天便会损失过半。中蜂受其骚扰，常弃巢飞逃。

（2）发病规律　胡蜂一般于5—6月开始出现，夏末至秋季7—10月危害最为严重。

（3）防治措施

①人工拍打　胡蜂危害严重的时期，需在蜂场经常巡视，用自制竹篾、竹扫帚等拍杀胡蜂（图7-39）。

图7-39　竹篾

②巢门设防　胡蜂危害期，将普通巢门换为圆孔巢门。或者用3厘米×3厘米的木条（或铁皮，长度应超过巢门）钉在巢门上方的蜂箱外壁上（图7-40），木条或铁皮与巢门踏板的距离为8毫米（舌型巢门需拆除），均能防止胡蜂入巢为害。

钉在巢门踏板上方的木条　　　　钉在巢门口木条的侧视图

图7-40　钉木条防胡蜂（童梓德摄）

③滴药放蜂　购买杀灭胡蜂的药剂（如胡蜂毁巢灵）和青霉素皮试针1支，同时在渔具店购买网眼小的（能网住小胡蜂）塑料网兜1个。待胡蜂来袭，用网兜罩住胡蜂；然后用手捏住网兜并将网兜逐渐卷紧，使胡蜂不能活动，使胡蜂背部露出；在距蜂场10米外的空旷场所进行操作，用皮试针吸取0.1毫升的药剂，滴在胡蜂的腹背部（图7-41）；用小剪子剪掉胡蜂一侧触角的一半后放飞胡蜂，使其带药归巢，毒死同类。这样连续处理数只胡蜂，3天后重复进行上述处理。一般经过几次处理后，胡蜂危害就会减轻。

注射器和药剂　　　　　网兜　　　　　　　用网兜捕捉胡蜂

捏住网兜，逐步卷紧　　　　卷紧至胡蜂无法活动　　　　在胡蜂腹背部滴2滴药液后放飞

图7-41　滴药放蜂以毒杀胡蜂（李先周摄）

④探穴毁巢　用铁签穿蚂蚱或肉片，让胡蜂取食。事先用尼龙线或细棉线，一端拴一条纸片或一撮白色禽毛作标记，另一端做成活套，待胡蜂专心取食时，用活套拴在其胸腹部之间，待其带食带标起飞后，用20倍望远镜观察其去向（图7-42）。在其消失处重复上述方法，直至找到胡蜂巢穴为止。

活套打结示意　　　用鲜肉诱蜂　　　将活套拴在胡蜂胸腹部　　处理蜂巢时一定要
　　　　　　　　　　　　　　　　　　　　（徐祖荫绘）　　　　穿戴防护服

图7-42　探穴毁巢

一般金环胡蜂巢穴多在土洞中，其他胡蜂多在树上筑巢。找到蜂巢后，穿戴防护服，用杀虫剂对准巢穴喷雾，待大部分胡蜂成虫中毒，即可将胡蜂蜂巢摘下或挖出，另行处理。采取这种方法消灭胡蜂，一定要做好自身防护，以免发生意外。也可以聘请职业捕蜂者毁除胡蜂窝，消除胡蜂危害。

3.蚂蚁　常在多雨潮湿季节迁入蜂箱内、副盖上或箱底营巢。一般情况下，蚂蚁不主动攻击蜂群，但蚂蚁入侵增加了工蜂驱逐蚂蚁的工作，干扰蜂群的正常生活。当蜂群患病、群势极度衰弱、蜂少于脾时，大型蚂蚁也会乘机在巢脾上拖尸盗蜜。危害最严重的是红火蚁（图7-43）。

红火蚁是传入我国的外来物种，十分凶悍，会主动攻击蜜蜂。现已扩散

到广东、广西、浙江、江西、湖南、海南、香港、澳门、台湾、福建、重庆、四川、云南、贵州14个地区。广东是红火蚁危害最严重和分布范围最广的地区。

图7-43　红火蚁

（1）危害　红火蚁与其他蚂蚁不同，会侵入蜂箱主动攻击蜜蜂。蜜蜂被咬后，在箱底翻滚，然后被红火蚁肢解、吞食，巢脾上的工蜂不敢接近箱底，飞出箱外的工蜂在巢门前乱飞，不敢进巢，蜂群混乱不堪。红火蚁体长2.5～4毫米，呈棕色或橘红色，兵蚁头部略呈方形，腹柄节（蚂蚁腹部前段）具有较为暴露的2节，第1节呈扁椎状，第2节呈圆柱状。红火蚁在地面有隆起的土堆状蚁丘，内部呈现蜂窝状（图7-44），而多数蚂蚁的巢穴不会隆起。红火蚁食性杂，除采食植物根系、种子、嫩茎外，还能捕食昆虫、青蛙、鸟类及小型哺乳动物，造成家畜死亡，破坏电线、电缆，甚至直接攻击人类。红火蚁攻击性强，人类被其叮咬后，被叮咬部位会产生红肿、红斑、痛痒及发热，伤口会引起二次感染，体质过敏者甚至会休克，因此应引起高度重视。

土堆状蚁丘

巢穴内部呈蜂窝状

图7-44　红火蚁的巢穴（刘关星摄）

（2）防治措施

①一般蚁类的防治

A.用木桩、竹桩或水泥桩将蜂箱架高，离地40厘米。桩顶倒扣一只透明塑料杯，杯壁涂凡士林及灭蚁药物，以阻止蚂蚁进入蜂箱（图7-45）。

B.如蜂场及附近有蚁穴，可用尖木桩扩大蚁穴洞口，再用开水浇灌蚁穴，或将汽油灌入后焚烧蚁穴，此时应注意防火，或将灭蚁药物直接撒入洞内。

C.雨季到来时，蜂箱覆布上常会发现有蚂蚁筑巢，这时可点燃干草或报纸，将覆布上和副盖上的蚂蚁抖入火中烧死（图7-46）。箱边剩余的蚂蚁也用同样的方法烧死。对进入蜂箱内的蚁群，可先将箱内蜂群转入其他蜂箱，再用火消灭。

图7-45　倒扣塑料杯的水泥桩

在蜂箱覆布上营巢的蚂蚁窝　　　点燃报纸烧死覆布上的蚂蚁

图7-46　火烧灭蚁（徐祖荫摄）

②红火蚁的防治

A.红火蚁性凶猛，危害大，易扩散，是重点防疫对象，因此要按国家有关规定，在专家指导下谨慎处理。原来没有红火蚁的地区如果发现红火蚁，应向当地农业、林业和防疫部门报告。

B.防治红火蚁推荐使用低毒的灭蚁专用药物，不要购买高毒农药防治，否则不但不能根除红火蚁，还会导致其分巢、扩散。

诱杀红火蚁最好将饵剂与粉剂相结合，效果较好的饵剂为茚虫威、氟蚁腙，粉剂为高效氯氰菊酯、红蚁净。

饵剂施用方法：选择晴天施药，当气温在20～30℃、地面干燥时，用饵剂诱杀红火蚁，用药量依蚁巢大小而定，在距蚁穴10～100厘米处点状或环状撒放饵剂。危害严重的区域，当蚁巢密度大、分布广时可采用施用饵剂和粉剂灭巢相结合的办法，并适当加大饵剂的用量，通常至少施用2次。

粉剂灭巢能够对蚁后产生威胁，进而杀灭全巢。缺点是施药要求细致，只能用于防治较明显的蚁丘。这种方法在操作时主要破坏蚁巢，待工蚁大量涌出后迅速将粉剂撒在工蚁身上，使其带药进巢而毒杀全巢。撒药应在15℃以上时使用，下雨、风大时不能施药。应最大限度地破坏蚁巢，至少破坏露出地面蚁巢的1/3，且温度越低，破坏蚁巢的程度应越大。

C.将毒死蜱、氯氰菊酯、阿维菌素等，按说明书配成药液淋灌蚁巢，每巢的药液用量一般为10～15千克。

D.一旦被红火蚁叮咬，应立即冲洗伤口，避免抓挠，在伤口处涂清凉油、类固醇药膏缓解。一旦出现过敏症状，如红斑、头晕、发热、心跳加速、头痛等症状，应立即就医。

4.蟾蜍 俗称癞疙宝、癞蛤蟆。蟾蜍白天隐藏在草丛中或石块下，在炎热夏秋季节的夜晚取食在蜂箱巢门前扇风的蜜蜂。每只蟾蜍一次能吞食7～8只蜜蜂，一晚能吞食数十只到上百只蜜蜂。尤其在雨后转晴的夜晚，蟾蜍活动更加频繁，如不及时防范，会造成蜂群群势减弱。但由于蟾蜍在农田中也可消灭多种害虫，所以只能驱逐，避免捕杀（图7-47）。

图7-47　夏季夜间在蜂箱巢门前捕食蜜蜂的蟾蜍（林琴文摄）

防治措施如下：

①除草清场，不让蟾蜍有藏身之地。

②架高蜂箱，离地30～50厘米，使蟾蜍无法捕捉蜜蜂。

③人工捕捉。夜晚巡视蜂场，发现蟾蜍后捕捉，带到离蜂场1千米外放生。

（七）蜜蜂中毒的预防和解救

1.农药中毒 蜜蜂因采集施过农药的蜜粉源植物，或者因其他原因致使蜜蜂接触农药，通过消化系统、呼吸系统或体表深入蜜蜂体内，使蜜蜂产生中毒现象（图7-48）。

死在箱外的蜜蜂（李忠秀摄）

死在箱内的蜜蜂（李忠秀摄）

使用除草剂致蜜蜂中毒，大量死亡（刘富海摄）

图7-48　蜂群农药中毒

（1）症状 在采集时接触农药的蜜蜂，有些在回巢途中就会死亡，在田间、果园、道路和蜂箱附近，都可以发现死蜂。有些蜜蜂则在回巢后产生中毒症状。蜂群中毒后会表现兴奋、暴怒、易蜇人；大批成年蜂出现肢体麻痹，失去平衡，无法飞翔，在箱门前或地面打转，或颤抖爬行。中毒死蜂多呈伸吻、张翅、腹部弯曲（图7-49），有时回巢的死蜂还带有花粉团。中毒严重时，短时间内在蜂箱前或蜂箱内可见大量死蜂，且全场蜂群都有类似症状，群势越强，死蜂越多。开箱后可见脾上蜜蜂体弱无力，坠落箱底，此后外勤蜂明显减少。

图7-49 中毒蜜蜂表现伸吻、张翅

蜜蜂幼虫食用带毒的花蜜、花粉后也会中毒，严重时会发生剧烈抽搐滚到巢房外（俗称跳子）（图7-50）；有的幼虫中毒后在不同发育期死亡，即使部分能羽化成蜂，出房后也会成为残翅蜂，体重减轻，寿命缩短。蜂群因成蜂、幼虫大量死亡，群势下降，甚至全群覆灭。

箱内死蜂及滚落箱底的幼虫（张前卫摄）　　　　中毒蜂群巢脾上出现跳子（冉茂祥摄）

图7-50 蜜蜂幼虫农药中毒症状

（2）防治措施 发生农药中毒，造成的损失很难挽回，关键在于早做预防，尽量避免发生农药中毒现象。

①协调用药 养蜂员应仔细了解放蜂当地农田、果蔬用药的时间、种类和习惯，积极与当地植保部门和种植户进行协调，尽量争取花期不施药。若必须在花期施药，应尽量在清晨或傍晚喷施，以减少对蜜蜂的直接毒杀，并尽量采用对蜜蜂低毒和残效期短的农药。

②隔离蜂群　蜂场应尽量安排在不施农药、少施农药的场地。若在习惯施药的蜜粉源场地放蜂，蜂群应安置在距离蜜粉源场地300米以外的地方，并将蜂箱摆放于上风口处。

应争取种植户在施药前3天通知养蜂户。若大面积喷施对蜜蜂高毒的农药，应及时将蜂群搬到距施药区3千米以外的地方回避3～5天。如蜂群一时无法搬走，应关闭蜂群巢门，遮盖蜂箱。幽闭期间，应注意对蜂群通风、遮光、喂水，一般可关闭1～3天。

③密集群势　定地饲养的蜂群无法回避用药期，应在农药施用期对蜂群采取缩脾紧脾的办法，保证蜂群中毒后仍能正常繁殖，安全度过农药施用期。

④急救措施　对于轻微中毒的蜂群，立即饲喂稀糖浆（1∶1）或甘草糖浆进行解毒（配方：甘草、金银花各20克，绿豆50克，加水煎熬，趁热过滤，滤液中加蜂蜜25克或白糖50克，搅匀，喂蜂或喷脾，喷脾时不加糖，以上为1群蜂的用量）；如果幼虫和哺育蜂中毒较重，则需要尽快撤离施药区，同时摇出巢脾中的有毒饲料，用清水冲洗干净，同时饲喂稀糖浆（1∶1）。如果能够查清农药种类，对有机磷类农药中毒可用0.05%～0.1%的硫酸阿托品或0.1%～0.2%的解磷定溶液喷脾解毒。

（3）合理维权　根据农业部2012年颁布的《养蜂管理办法（试行）》，使用航空器（含飞机和无人机）喷施的单位和个人，应在作业前5天告知作业区及周边5千米以内的养蜂者，采取相应的防备措施（搬迁或幽闭）。

一旦蜂群发生恶性农药中毒事件（如被人投毒或恶意喷洒农药，或航空器喷施农药未提前告知，图7-51），造成严重经济损失的，养蜂户应积极向政府有关部门报告，合理维权，要求肇事者予以相应赔偿。

飞机大面积喷洒农药　　　　　　　　严重受害的蜂场，地面铺了一层死蜂

图7-51　飞机喷洒农药后致蜂群中毒死亡（引自陈大福）

2.甘露蜜中毒

甘露蜜包括甘露和蜜露两种。甘露是蚜虫、介壳虫等昆虫分泌的一种含糖汁液。这些昆虫常常寄生在松树、柳树、杨树及禾本科等植物上。在干旱季节这类昆虫会大量滋生，吸食植物的汁液后排出一种有甜味的甘露。蜜露则是由于植物受到外界气温剧烈变化的影响或受到创伤，植物本身从叶茎或创伤部位分泌的一种含糖汁液。在早春、晚秋外界蜜粉源缺乏时，蜜蜂会采集植物幼叶分泌的蜜露或蚜虫、介壳虫分泌的甘露，带回巢内，酿造成所谓的甘露蜜（图7-52）。因甘露蜜中含有大量的糊精和矿物质，易产生消化吸收障碍，引起蜜蜂中毒。

蜜蜂在松树叶上采集蜜露

一种能分泌含糖汁液的杉树
（引自薛运波）

工蜂采集寄生在通草（一种中药材）上的蚜虫分泌的甘露（石昌兵摄）

巢脾中结晶的马尾松甘露蜜（箭头所示）（张晓燕　贾萍摄）

图7-52　蜜蜂采集甘露蜜

（1）症状　甘露蜜会造成采集工蜂死亡，并且常常是蜂群越强，死蜂越多。中毒蜜蜂下痢，腹部膨大，爬到框梁上、巢门外或蜂箱附近的草上结团，出现爬蜂症状。中毒严重时，蜂王和幼虫都会死亡。蜜囊呈球状膨大，失去飞翔能力，中肠萎缩呈灰白色，环纹消失，失去弹性，后肠呈蓝色至黑色，里面充满暗褐色至黑色粪便。此时若外界断蜜或蜜粉源缺乏，而蜂群采蜜积极，并带蜜而归，应考虑为甘露蜜中毒。

（2）发病规律　北方多发生在夏秋季节，南方则多发生于秋冬季节。干旱时易发生此病。

（3）防治措施

①在大流蜜期后应给蜂群留足够的蜜粉脾，保证蜂群食物充足。安置蜂群时应避开曾经发生甘露蜜中毒的场地。

②发现甘露蜜中毒，应转移场地，将蜂群内的甘露蜜取出，补饲新鲜浓糖水作为饲料。如蜂群因甘露蜜中毒而并发其他传染性病害，应采取相应治疗措施。

3. 茶花蜜中毒　蜜蜂采集茶叶和油茶的花蜜后，因茶花蜜中含有半乳糖成分，蜜蜂幼虫体内没有消化分解半乳糖的能力，从而引起生理障碍，造成蜜蜂幼虫中毒死亡（半乳糖对人和动物无毒），俗称"茶花烂子"，一般意蜂发病重。在有其他蜜粉源存在的情况下，中蜂一般不采或少采茶花蜜，但若蜂场周围油茶和茶叶面积大而集中，蜂群被迫采集茶花蜜，中蜂也会发生烂子。茶花粉对蜜蜂无毒，意蜂在茶花期可生产茶花粉。

（1）症状　主要引起蜜蜂幼虫中毒。幼虫中毒后，一般3日龄前的幼虫发育正常且没有显著变化，到幼虫将要封盖或已封盖时，大幼虫开始成批腐烂死亡，房盖变深，巢房呈不规则下陷，中间有小孔（图7-53）；蜜蜂幼虫部分甚至全部由白色转为黄色甚至黑色，虫体腐烂，散发出一股酸臭味，严重者臭气刺鼻。

（2）发病规律　发病季节为9—11月茶叶、油茶开花期。此时如果没有其他蜜粉源，则发病重。

中蜂采集茶花（正安白茶）花粉（李永黔摄）

蜜蜂幼虫中毒死亡、变色（郭冬生摄）

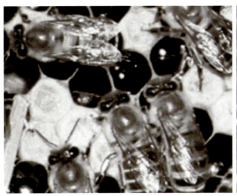

死亡幼虫封盖巢房凹陷（潘陈俊摄）

蜂群花子现象（潘陈俊摄）

图7-53　蜜蜂采茶花蜜中毒

（3）防治措施　意蜂如进入油茶或茶叶场地脱茶花粉，应边脱粉，边喂1：1的糖浆。进蜜越多，喂糖也越多，以冲淡茶花蜜。在流蜜盛期，如进蜜量大可每隔3～4天取蜜一次。在油茶、茶叶种植面积大的地区，中蜂也要喂糖或采取分区管理的办法（将育虫区与采蜜区用隔王板隔开，只打开采蜜区一侧的巢门），防止幼虫食用茶花蜜后引起烂子。

主 要 参 考 文 献

陈大福,2018.蜜蜂疾病诊断与防治技术[C].荆门：2018年湖北省荆门市培训班讲义.

国家畜禽遗传资源委员会,2011.中国畜禽遗传资源志•蜜蜂志[M].北京：中国农业出版社.

胡福良,金水华,郑火青,等,2005.意大利蜂多王群的组建及蜂王产卵力的观察[J].昆虫学
　　报,48(3)：465-468.

姜全清,符林杰,2021.蜜蜂多王群探索（二）[J].中国蜂业,72(8):22-23.

姜全清,符林杰,2021.蜜蜂多王群探索（一）[J].中国蜂业,72(7):16-17.

金水华,胡福良,郑火青,等,2006.意蜂多王群的饲养管理技术[J].中国蜂业,57(1)：13-14.

金汤东,2000.蜂王去颚技术与应用[J].中国蜂业,51(6):9.

林琴文,徐祖荫,2022.2022年麻江地区蓝莓流蜜量及流蜜情况观察[J].蜜蜂杂志,42(7)：2-3.

林致中,夏晨,徐祖荫,2022.浙江省开化县蜂王浆高产技术要点[J].中国蜂业,73(7):14-15.

罗岳雄,2016.中蜂高效饲养技术[M].北京：中国农业出版社.

胥保华,2018.蜜蜂疾病防治及蜜蜂良种利用[C].荆门：2018年湖北省荆门市培训班讲义.

徐祖荫,2007.养蜂技术图说[M].贵阳：贵州科技出版社.

徐祖荫,2010.蜂海求索——徐祖荫研究论文集[M].贵阳：贵州科技出版社.

徐祖荫,2015.中蜂饲养实战宝典[M].北京：中国农业出版社.

徐祖荫,2019.蜂海问道——中蜂饲养技术名家精讲[M].北京：中国农业出版社.

徐祖荫,2022.中蜂应该怎样正确进行春繁[J].中国蜂业,73(4):25-26.

徐祖荫,童梓德,林琴文,等,2022.蓝莓花期组织强群生产和有效控制"分蜂热"[J].蜜蜂杂
　　志,42(8)：26-27.

徐祖荫,童梓德,林琴文,等,2022.论"蜂群的情绪"——以中蜂为例[J].中国蜂业,73（10）：
　　27-28.

薛运波,2019.长白山中蜂饲养技术[M].北京：中国农业出版社.

于尔根•陶茨,2008.蜜蜂的神奇世界[M].苏松坤译.北京：科学出版社.